浙江省高职院校"十四五"重点教材建设项目

浙江省高水平专业群（会展策划与管理专业群）建设项目
校企合作新形态教材

# 数字短视频创意与制作

主　编◎张　弛　吕玉龙　何思颖

副主编◎许佳琴　骆海淼　沈　玥　沈　飞

参　编◎史清峰　唐　银　杨晓庆　杨超登

　　　　田志武　夏宁宁　方小英

U0228532

清华大学出版社
北　京

# 内 容 简 介

本书共六个项目，包含 13 个任务，按照数字短视频制作工序流程编排，从认知流程和项目工序逻辑入手，到选题创意、剧本创作和脚本分镜制作，设备器材认知和使用技术，现场技术和技能，拍摄、素材整理、剪辑、后期特效、音频处理、调色合成等工序的介绍。每个项目均配有交互式媒体，供课程教学和课后练习使用。

本书是一本新形态的教材，每个任务均包含作业，并且包含理论知识点练习、实际操作指导，以及工作技巧小贴士等。

本书可作为应用型本科、高等职业院校艺术设计类专业的教学用书，也可作为相关企业的岗位培训和自学用书。其理论与实践内容能够给短视频行业相关工种和相关类专业学生提供帮助。

**图书在版编目（CIP）数据**

数字短视频创意与制作 / 张弛，吕玉龙，何思颖主编 . —北京：清华大学出版社，2024.6
ISBN 978-7-302-64856-7

Ⅰ . ①数…　Ⅱ . ①张…②吕…③何…　Ⅲ . ①视频制作—教材　Ⅳ . ① TN948.4

中国国家版本馆 CIP 数据核字（2023）第 215294 号

**责任编辑：** 徐永杰
**封面设计：** 汉风唐韵
**责任校对：** 王荣静
**责任印制：** 沈　露

**出版发行：** 清华大学出版社
　　　　　　网　　　址：https://www.tup.com.cn，https://www.wqxuetang.com
　　　　　　地　　　址：北京清华大学学研大厦 A 座　邮　编：100084
　　　　　　社 总 机：010-83470000　　　　　　　邮　购：010-62786544
　　　　　　投稿与读者服务：010-62776969，c-service@tup.tsinghua.edu.cn
　　　　　　质量反馈：010-62772015，zhiliang@tup.tsinghua.edu.cn
**印 装 者：** 三河市天利华印刷装订有限公司
**经　　销：** 全国新华书店
**开　　本：** 185mm×260mm　　**印　张：** 9.75　　**字　数：** 199 千字
**版　　次：** 2024 年 6 月第 1 版　　**印　次：** 2024 年 6 月第 1 次印刷
**定　　价：** 69.80 元

产品编号：101740-01

在党的二十大对于职业教育发展精神的引导下，本书试图在提高职业教育人才培养质量、提升职业教育适应性、凝聚职业教育高质量发展共识中进行不断尝试和探索。

当今社交媒体时代，短视频成为人们记录、分享生活的重要形式，越来越多的人开始关注和参与短视频的创作与制作。作为《数字短视频创意与制作》教材的编写者，我深感责任重大，也倍感振奋。

本书旨在帮助读者了解短视频的基本概念、制作流程和技术要点，掌握短视频创意和制作的方法与技巧，以及在不同平台上推广和营销短视频的策略。本书涵盖短视频制作中的各个方面，包括剧本创作、拍摄技巧、后期制作、配乐配音等。此外，我们也将介绍一些常见的短视频类型，如 Vlog、微电影等，以及它们在不同场景下的运用。无论是想成为专业的短视频制作人，还是想利用短视频记录自己的生活和创作，本书都能为你提供有价值的指导和启示。当然，短视频是一个不断变化的领域，我们也会不断更新和完善本书，以满足读者的需求和期望。

本书是校企合作教材，作为轻工业联合会"互联网营销师"职业资格证书——视频创推员培训系列教材之一，得到了浙江易启莱朗顿教育科技有限公司的大力支持。

最后，我要感谢参与本书编写的各位专家和作者，他们的经验和智慧使本书的出版成为可能。特别感谢为本书提供素材的陈彦铭、朱挺等数字媒体艺术设计专业的同学。竭诚希望广大读者对本书提出宝贵意见，以促使我们不断改进。由于时间和编者水平有限，书中的疏漏和不足之处在所难免，敬请广大读者批评指正。

张弛

2023 年 3 月

# 项目1
# 认识短视频

《避风塘》

## 导语

### 你做好准备了吗

从最早的传统媒体如电视、报纸、广播，再到现在的网络传媒、视频平台，人们总是在与时俱进地更新着自己对生活的认知，而短视频就是这个时代最具代表性的产物。当你刷到别人发的短视频时，你是不是也会产生一些好奇心去进入这个新领域呢？又是什么阻碍了你创作和发布短视频？怕他人的质疑和挑衅，怕付出没有回报，怕短视频平台会被取代，怕这个行业只是昙花一现。别担心！其实并不是这样的！开始行动，放手去做，只要你做好充足的心理准备，并且坚持下去，你就一定可以创造属于自己的成功，并且收获一笔丰厚的财富。

## 项目导引

**学习目标**

1. 了解短视频行业发展现状与趋势。

2. 认识短视频行业的发展，掌握国家政策导向与法律法规、短视频未来发展趋势，能够明确短视频工作流程与岗位职能，满足短视频创作需要。

**训练项目**

1. 短视频行业发展分析。

2. 组建短视频创作团队。

## 项目思维导图

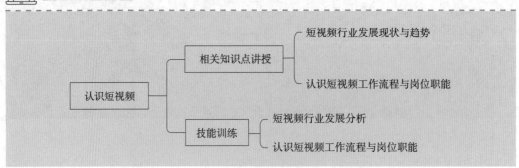

## 建议学时

8 学时。

情境导入

　　许小飞克服创作开始的恐惧，决定战胜所有困难，正式投入短视频行业。领导叮嘱许小飞，在创作短视频前，一定要仔细了解国家政策导向、法律法规和短视频平台管理规范等相关知识。在对短视频进行一定了解后，许小飞发现短视频行业正处在快速发展的阶段，竞争非常激烈。短视频要想获得用户的喜爱，就要提高内容质量与创作效率，但是许小飞对最新的短视频平台基本运营情况不甚了解，也不清楚自己在创作团队中的定位。因此，许小飞对短视频平台进行了梳理，学习思考了短视频生产流程和岗位职能的相关内容。

　　其最终目标是：了解短视频行业的发展情况，做好创作短视频的准备。

 项目主题

　　《什么是短视频》

　　认知和了解，是步入行业的起点，本项目要求学生从个体体验转为对行业理性认知，建议学生完成针对性小论文撰写。

# 任务 1-1　短视频行业发展现状与趋势

 建议学时

　　4 学时。

 任务目标

**知识目标**

1. 了解短视频的概念。

2. 了解短视频产生和发展的原因。

**技能目标**

1. 能够从多个角度出发解析短视频行业发展现状。

2. 熟悉相关国家政策法规和短视频平台规则。

**思政目标**

1. 培养学生从感性认知提升到理性思考的能力。

2. 培养学生树立认知事物本质、明辨是非的能力。

**基础知识**

在从事网络直播以及短视频创作过程中，需要了解相关的国家政策与法律法规，为了更好地完成这项工作，要怀着敬畏之心，对《中华人民共和国民法典》《中华人民共和国广告法》《互联网视听节目服务管理规定》《网络音视频信息服务管理规定》等相关法律法规进行认真解读。

> 小贴士
>
> «««««« ‹
>
> ### 短视频和直播的异同
>
> 短视频和直播既有相同之处，也存在较大差异。二者都是互动性较强的社交媒体产品，内容分发形式一致，但直播和其他人的互动交流是同步的，短视频则是异步的；直播一般没有后期加工处理，时长在 1 小时或几个小时不等，短视频则需要进行剪辑、配乐、滤镜等后期处理，时长一般在 15 秒或几分钟不等。
>
> › »»»»»»

## 一、短视频行业的发展

短视频即数字短片，是一种互联网内容传播方式。随着移动终端普及和 5G（第五代移动通信技术）网络的广泛应用，短、平、快的大流量传播内容能够更好地满足用户碎片化的观看需求和娱乐需求，逐渐获得各大平台、粉丝和资本的青睐。短视频不再是简单的在线视频，它能够通过图像、声音和文字等信息媒介，基于在线实时动态交互场景，实现实时互动。在欧美发达国家及地区，短视频内容付费模式已经成熟化，拥有一个庞大且成熟的市场。

我国短视频行业产业链主要由上游内容生产方、中游内容分发方和下游用户端构成，此外，还包括服务器提供商、电信运营商、网站及 App 开发运营商等基础支持方、品牌和广告代理商、国家监管部门等。上游内容生产方主要包括 UGC（用户生产内容）、PGC（专业生产内容）、PUGC（网红／明星生产内容）三大类。短视频内容分发参与者众多，如抖音、快手、微信视频号、小红书、今日头条等。短视频基础支持方主要包括阿里云、华为云、中国联通、中国移动、中国电信等。

短视频行业萌芽于 2011 年，快手、微视、美拍等都是早期的参与者；2016 年抖音横空出世，强大的算法推荐机制向用户精准提供了大量优质的短视频内容，广告变现规模迅速增长。2020 年后，短视频行业形成"抖音 + 快手"的"两强"竞争格局。由于内容视频化的趋势加深，微信、微博、小红书等社交平台也加入短视频功能，进一步提升了短视频的渗透率。现今，我国短视频行业逐渐进入成熟期，具体表现为以下几个发展趋势。

### （一）用户规模增势稳定，用户黏性增强

短视频时长短、内容集中、表现力强，契合了人们碎片化的观看习惯，深入渗透至大众日常生活。同时，短视频满足了个性化、视频化的表达意愿和分享需求，越来越多的用户群体拍摄 / 上传短视频。我国短视频用户规模和用户使用率持续提升，短视频人均单日使用时长持续增长。

### （二）短视频行业蓬勃发展，实现超高速增长

在用户规模和使用时长不断增长的同时，我国各短视频平台也在积极探索更多元化和更深层次的商业变现模式，短视频行业蓬勃发展，市场规模超高速增长。

### （三）多频道网络市场呈现爆发式增长

多频道网络（MCN）是专业生产内容产业一个重要的参与角色，它主导和连接了生产、流通和内容的变现。随着短视频行业发展越发成熟，创作技能、流量运营等均需要专业化管理，多频道网络机构随着直播行业繁荣得到新的发展机遇，迎来"破圈"式爆发增长。

### （四）广告为主要收入来源，增速放缓

目前，我国短视频行业的收入来源主要是广告、电商提成和直播提成。短视频广告仍然是各大品牌和广告商的投放重点，平台不断优化的内容生态持续提升整体用户量和用户黏性，为广告商营销增长提供了肥沃的土壤。

### （五）短视频行业多元发展

未来短视频、社交、生活等将会进一步融合，短视频可以连接多元场景，承接更多资源，生态环境愈加清晰，能与多领域交叉渗透，并逐渐演变成一种互联网生活方式。拼多多、腾讯等持续加码短视频赛道，未来短视频市场仍然存在重新洗牌的可能。

 即测即练

5

## 二、法律法规

党的十八大以来，在习近平新时代中国特色社会主义思想特别是习近平总书记关于网络强国的重要思想指引下，我国网络安全保障体系和能力建设全面加强。随着人工智能技术的快速发展，辅助创作、自动化审核等功能正逐渐应用在短视频行业。在外部监管环境下，短视频行业的生态建设也将迎来新一轮发展契机。

为提升短视频内容质量、遏制错误虚假有害内容传播蔓延、营造清朗的网络空间，国家相关部门先后出台一系列政策和意见来规范短视频行业健康、有序地发展。

2020年9月，国务院办公厅颁发《国务院办公厅关于以新业态新模式引领新型消费加快发展的意见》；2021年8月，中共中央办公厅、国务院办公厅出台《关于进一步加强非物质文化遗产保护工作的意见》；2021年12月，中国网络视听节目服务协会发表《网络短视频内容审核标准细则》（2021）；2022年4月，中央网络安全和信息化委员会办公室发布《关于开展"清朗·整治网络直播、短视频领域乱象"专项行动的通知》。其中特别要提到的是2021年12月15日，根据国家相关法律法规、《互联网视听节目服务管理规定》和《网络视听节目内容审核通则》，我国正式对外发布的《网络短视频内容审核标准细则》，进一步明确了短视频节目及其标题、名称、评论、弹幕、表情包等，其语言、表演、字幕、画面、音乐、音效中不得出现的具体内容：

（1）危害中国特色社会主义制度的内容。

（2）分裂国家的内容。

（3）损害国家形象的内容。

（4）损害革命领袖、英雄烈士形象的内容。

（5）泄露国家秘密的内容。

（6）破坏社会稳定的内容。

（7）损害民族与地域团结的内容。

（8）违背国家宗教政策的内容。

（9）传播恐怖主义的内容。

（10）歪曲贬低民族优秀文化传统的内容。

（11）恶意中伤或损害人民军队、国安、警察、行政、司法等国家公务人员形象和共产党员形象的内容。

（12）美化反面和负面人物形象的内容。

（13）宣扬封建迷信，违背科学精神的内容。

（14）宣扬不良、消极颓废的人生观、世界观和价值观的内容。

（15）渲染暴力血腥、展示丑恶行为和惊悚情景的内容。

（16）展示淫秽色情，渲染庸俗低级趣味，宣扬不健康和非主流的婚恋观的内容。

（17）侮辱、诽谤、贬损、恶搞他人的内容。

（18）有悖于社会公德，格调低俗庸俗，娱乐化倾向严重的内容。

（19）不利于未成年人健康成长的内容。

（20）宣扬、美化历史上侵略战争和殖民史的内容。

（21）其他违反国家有关规定、社会道德规范的内容。

以上国家广播电视总局和中国网络视听节目服务协会所制定的 21 项内容，从事短视频创作的人员，一定要熟记于心、认真遵守。短视频领域并非法外之地，部分创作者可能由于法律意识薄弱，或者出于猎奇心态，发布不良视频，不仅短视频无法通过严格的审核，账号会遭到平台的封号，制作短视频的个人或企业也需要承担相关法律责任。

## 三、短视频平台的选择

不同短视频平台十分相似，却又各有特色，不同 App 的侧重点、生态环境和算法机制不尽相同，对于短视频创作者来说，如何选择最适合自己的短视频平台呢？

### （一）抖音

抖音是由字节跳动孵化的一款可以拍短视频的音乐创意短视频社交软件。该软件于 2016 年 9 月 20 日上线，是一个面向全年龄的短视频社区平台。抖音以“记录美好生活”为口号，简洁的用户界面、垂直无缝衔接的视频浏览模式、丰富多样的配乐素材，让用户能更加纯粹地享受创作和浏览短视频的乐趣。

### （二）快手

快手是北京快手科技有限公司旗下的产品，诞生于 2011 年 3 月，于 2012 年进行了一次重大转型，正式进入“短视频社区”行列。快手强调用户与用户之间的关系互动，让每个人都可以以短视频为信息载体展现自己的价值。快手的用户群以北方人居多，主要聚焦于下沉市场，创作者、用户基数很大，活跃度高、黏性强，主要集中在三、四线城市。

### （三）视频号

视频号是基于微信的一个全新的内容记录与创作平台，也是一个了解他人、了解世界的窗口。视频号的内容生态在 2022 年逐渐丰富，用户的使用时间也在逐渐延长。作为微信生态的原子化组件，当视频号跟微信“其他原子组件”产生各种化学反应，将自然地在整个通信和社交体系内流转。

### （四）小红书

小红书于 2013 年在上海创立，它致力于让全世界的好生活触手可及。用户通过短视频、图文等形式标记生活的点滴，内容以产品测评、种草等为主。小红书的主要用户群是生活在一、二线城市的年轻女性，美食、家居、服装类内容占比较高。

**（五）哔哩哔哩**

哔哩哔哩又称 B 站，是中国年轻世代高度聚集的文化社区和视频平台，用户群体具有较高的文化自信、道德自律和知识素养，可以更自由地让用户选择自己感兴趣的视频内容。

 **实训项目**

以 3 ~ 4 人为单位进行分组，并以小组为单位进行短视频行业发展分析。

进行短视频行业发展分析的工作流程如下。

**步骤 1**：从多个角度出发解析短视频行业发展现状，学习和研究相关国家政策法规和短视频平台规则。

**步骤 2**：选择短视频平台。短视频行业正处在快速发展的阶段，竞争非常激烈，选择一个适合团队长期发展的短视频平台十分重要。

**步骤 3**：目标用户分析。短视频团队要创作出一部优秀的短视频作品，首先需要了解不同行业领域目前深受用户喜爱的短视频内容有哪些，从而发现市场空白点，寻求创新呈现方式，设定个性标签，提高作品的内容质量与创作效率。

**步骤 4**：学习优秀短视频。在开始短视频作品创作时，需要研究不同优秀账号上受欢迎的视频内容、拍摄制作手法、评论互动等方面，并进行小组成员间的互相交流与分享。

 **技能训练表**

短视频行业发展分析技能训练表见表 1-1。

表 1-1 短视频行业发展分析技能训练表

| 学生姓名 | | 学　号 | | 所属班级 | |
| --- | --- | --- | --- | --- | --- |
| 课程名称 | | | 实训地点 | | |
| 实训项目名称 | 短视频行业发展分析 | | 实训时间 | | |
| 实训目的：<br>能从多个角度出发解析短视频行业发展现状。 | | | | | |
| 实训要求：<br>1. 从多个角度出发解析短视频行业发展现状。<br>2. 以小组为单位，挑选解说类、情景短剧类、个人才艺类、生活技巧分享类、街头采访类、创意剪辑类中的一类短视频，结合典型视频案例，进行分享解说。 | | | | | |

续表

| 实训过程： | | | |
|---|---|---|---|
| 实训体会与总结： | | | |
| 成绩评定 | | 指导老师<br>签名 | |

 **经验分享**

短视频行业经过多年发展，政策法规日趋完善，将进入一个更加成熟、更加细分的新阶段。

无论是个人还是创作团队，要做好短视频，首先得有一个整体的规划与布局，创作中应着重思考。

短视频账号不能随心所欲地发布内容，要做垂直定位，发布主题一致的视频内容。

# 任务 1-2　认识短视频工作流程与岗位职能

 **建议学时**

4 学时。

## 任务目标

知识目标

1. 了解短视频工作流程、岗位职能和工作侧重点。

2. 了解短视频团队的选人标准。

技能目标

1. 掌握短视频团队分工及角色所需承担的职责。

2. 熟练使用相关的数据分析工具，掌握短视频从准备到复盘的工作流程。

思政目标

1. 通过学习，培养学生在实际操作中的专业素养和技能。这一过程中，强调团队协作的重要性，培养学生与他人合作、沟通的能力，以适应未来工作中可能出现的各种团队协作场景。

2. 帮助学生明确各个岗位在短视频制作过程中的职责和作用，以及不同岗位之间的协作关系，使学生能够更好地认识自己的职业定位和发展方向，同时培养责任感和敬业精神。

## 基础知识

## 一、短视频生产流程

### （一）标准短视频制作流程

在标准的短视频制作流程中，短视频的定位和内容策划是整个短视频创作的关键。短视频团队首先要了解自身的资源、特长、市场需求，分析短视频的标签定位、观众定位与内容定位，明确视频题材主题、风格定位、技术引进等。拍摄前的准备工作：要根据短视频脚本，准备好拍摄需要的服装和道具；了解周围环境，预估时间，规划路线，提前熟悉拍摄场地；选择符合剧情风格的音乐；准备好三脚架、相机支架、补光灯（如果是室内拍摄）、灯光支架、闪光灯（如果是室外拍摄）、手机支架、自拍杆等短视频拍摄工具。一切准备就绪之后，由导演带领团队进行内容拍摄，后期制作人员负责剪辑和特效工作。精剪完成后，导演会对视频进行审核和再次修改，最后交给运营团队，由运营团队统一发布。这是目前比较常见的短视频生产流程。

### （二）制作短视频的关键环节

（1）选题会。选题会一般都由导演和编剧参与，偶尔也会邀请出镜的演员。短视频账号的主题多从各种选题中筛选出来，明确目标和定位后，开始创作短视频剧本。

（2）打磨剧本。在短视频内容策划方面，最重要的一步是打磨剧本和分镜头脚本，主要是为了优化短视频细节，如编写清楚对话、场景演示、布景风格和拍摄思路等，从而增加点赞、评论和转发等。如果短视频以变现为目的，则需要从产品特点、粉丝互动、营销策略等维度多做考量。

## 二、短视频岗位职能

### （一）导演

短视频导演需要了解短视频运营的基础知识，熟悉短视频创作的流程和规则。根据剧本统筹全局，确定故事情节，指导演员表演，协调工作人员关系，选择影片节奏及处理效果。导演必须具备较强的组织能力、学习能力、应变能力、沟通协调能力和团队领导能力，并具备较高的艺术修养、思想水平和社会责任感。

### （二）编剧

编剧的水平决定了短视频的内容质量，讲好故事是编剧最基本的要求。由于短视频平台多采用算法推荐机制，因此，短视频编剧既要具备基本的文字功底，又要在不影响视频质量的前提下，根据各平台的规则进行调整和有所侧重。

### （三）摄影师

摄影师能够根据短视频创作的需要，在对拍摄主题进行分析的基础上，准确、客观、生动地再现脚本中设计的场面；能熟练运用各种摄影器材、熟悉拍摄环境和场所、了解观察拍摄对象；具有较强的镜头语言能力和构图能力，有较高的艺术鉴赏能力和创造力。

### （四）演员

演员是视频表达的灵魂，特别是在当下的短视频时代，选择短视频演员是短视频成功的关键。作为一名优秀的演员，不仅要有表演功底，还要具备生活素养和镜头表现力这两种基本素质。演员应有敬业精神，能承受压力，遇到部分网友在评论区、直播间、私信里诋毁、辱骂、攻击的情况时，有勇气客观、理性地面对，善于调节和控制情绪，学会保护自己。

### （五）后期制作

在短视频行业，后期制作是非常专业的工作。一位优秀的后期制作人员除了要对导演、编剧、摄影师和演员所要表达的内容进行准确的把握、熟练掌握手机和计算机端常见短视频后期制作软件，还要熟悉平台的热门视频、流行玩法、热门剪辑方式、背景音乐等方面，从而在作品中呈现出最佳的视听效果，体现专业性。

### （六）宣发运营

作为短视频最重要的一个环节，宣发运营的方式有很多，一般是通过社交媒体平台、短视频平台或者电商平台进行传播。宣发运营主要从事包括宣传推广、粉丝运营、数据分析、日常维护等工作内容，需要熟知各平台的推荐配对规则，积极寻求商业的合作、互推合作等方式来拓宽曝光渠道导量。

随着短视频的发展，其题材必将深入生活的方方面面，成为大众社交娱乐的重要平台。大数据、5G为短视频发展提供了基础设施，助推短视频行业加快发展。抖音的异军突起，带动了新媒体行业的快速变革，这不仅让企业以极低的成本获得巨大的曝光量，还可以直接和用户沟通，更好地实现流量转化。短视频赛道就像它的算法逻辑一样，在不断地进化，新的政策和新的玩法不断涌现。因此，短视频作者必须时刻保持认真学习的心态，才能创造出更多爆款短视频。

视频 1-1

拍摄团队的组建 1

视频 1-2

拍摄团队的组建 2

 **实训项目**

以 3~4 人为单位进行分组。组建短视频创作团队，并以小组为单位明确分工。

组建短视频创作团队的工作流程如下。

**步骤 1：**根据性格和兴趣选择岗位。性格态度和个人兴趣是角色分工重要的标准。如一名合格的宣发运营通常需要耐心仔细，善与他人沟通，具有积极主动的工作态度。短视频后期制作人员的工作强度有时会非常高，遇到需要赶片子的情况，通宵达旦地工作也是常态。如果短视频后期制作人员从事这个工作并非出于兴趣和热爱，则没有动力创作出一部优秀的短视频。

**步骤 2：**按照技术和能力匹配岗位。每一个岗位都有一定的岗位能力要求，需要根据个人擅长的技能分配工作，选定所充当的角色。比如短视频在室内环境中拍摄时，拍摄人员不仅要熟练运用手机、相机、稳定器等拍摄设备，还要根据短视频主题，使用一些灯光和颜色，来辅助表现人物和背景，具有一定的专业技术性。

**步骤 3：**部分岗位参考外貌和表达能力。一些特殊的岗位对人员的外在条件具有一定的要求。比如演员的外貌最基本的要求是五官端正，或者拥有记忆点，高颜值不是选择短视频演员的必要条件，同时语言表达能力强或者风格独特，也有利于打造个性化的短视频。

**步骤 4：**确立领导岗位，组建短视频创作团队，明确短视频的工作流程和角色分工，并建立考核和团队管理机制，有效维护团队的整体运营发展。一部优秀短视频的完成，离不开整个团队的通力合作。

 **技能训练表**

认识短视频工作流程与岗位职能技能训练表见表 1-2。

表 1-2　认识短视频工作流程与岗位职能技能训练表

| 学生姓名 | | 学　　号 | | 所属班级 | |
|---|---|---|---|---|---|
| 课程名称 | | | 实训地点 | | |
| 实训项目名称 | 认识短视频工作流程与岗位职能 | | 实训时间 | | |
| 实训目的：<br>认识短视频工作流程与岗位职能。 | | | | | |
| 实训要求：<br>1. 掌握短视频团队角色分工及各角色需要承担的职责。<br>2. 掌握短视频从创作到复盘的整个流程。 | | | | | |
| 实训过程： | | | | | |
| 实训体会与总结： | | | | | |
| 成绩评定 | | 指导老师<br>签名 | | | |

🔍 **经验分享**

　　由于短视频行业的受众广泛，所以在内容制作上需要更加严谨，严格把控每一个细节，建立完善的内容监管机制，从而使视频质量得到保证。

　　管理者要注意财务成本的把控，特别是新入行的公司，尽可能招聘一专多能、有相关从业经验的员工。

　　部分短视频账号也会开设直播间，直播团队最基础人员配置有运营、场控和主播，随着后期业务的扩大，还可以根据需要扩充新的岗位，如招商、仓管、品控、美工等。

# 项目 2
# 短视频内容制作前期准备

《府山》

## 导语

短视频制作前期要准备什么

短视频制作的前期准备工作非常重要，是保证短视频质量的关键。本项目将重点介绍如何进行选题、创作剧本和分镜头脚本，让大家去掌握如何立意选题、如何创作剧本，以及如何创作分镜头脚本（图 2-1~ 图 2-3）。

图 2-1　探讨剧本　　　　　　图 2-2　绘制分镜　　　　　图 2-3　讨论取景地

## 项目导引

学习目标

1. 学会如何选题，并了解其对成片质量和受众的影响。

2. 学会撰写剧本，掌握基本剧本写作规则。

3. 学会制作分镜头脚本，能根据剧本切分镜头，完成分镜头脚本的制作。

训练项目

1. 选题训练。

2. 剧本创作训练。

3. 分镜头脚本训练。

## 项目思维导图

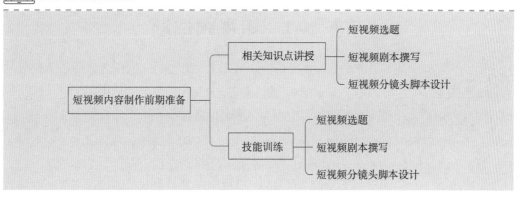

**建议学时**

20 学时。

 **情境导入**

感兴趣的同学可以将情境导入拓展为拍摄练习使用。

（场景：许小飞入职一家短视频制作公司，接到了他的第一个项目）

主管：小许，你好！欢迎加入我们公司。你是我们的新员工，我听说你接下来将要负责制作我们公司的最新短视频。

许小飞：非常荣幸能够加入这家公司，并且参与到这个项目中来。

主管：这个项目需要我们制作一个 60 秒的宣传短视频，来介绍客户家乡的特产。你需要跟我们的客户沟通，确定他们的需求，并且按照客户的要求完成视频的拍摄和剪辑。

许小飞：明白了，我会尽快联系客户并且着手制作这个短视频。

主管：如果你在制作的过程中遇到任何问题，随时都可以来找我和其他团队成员寻求帮助。

许小飞：好的，谢谢您。我会努力把这个项目做好。

（接下来，许小飞开始联系客户，并且展开短视频的制作工作。他首先面临的问题是如何确立短视频的立意以及剧本和分镜头脚本的制作。）

 **项目主题**

《"乡"味》

请以家乡的味道为主题进行项目训练。

# 任务 2-1　短视频选题

 **建议学时**

4 学时。

**任务目标**

知识目标

1. 了解什么是主题，以及主题的重要性。

2. 熟悉选择主题的方法和技巧，如思考自己的兴趣、经验、知识、客户、受众的需求等。

3. 掌握主题的深度和广度，以便深入挖掘主题内容，同时确保主题的范围不会过于宽泛或狭窄。

技能目标

1. 能够从广泛的话题中筛选出合适的主题，以符合短视频制作的目的和要求。

2. 能够进行调研和分析，以深入了解主题，更加深刻地理解和表达主题。

3. 能够准确地表达和阐述主题，能够运用丰富的场景和故事来支持主题，以便让信息更加易于理解和接受。

思政目标

1. 通过短视频选题教学，培养学生的爱国主义情感和民族精神。在选题过程中，引导学生选择与国家发展、社会进步和人民生活息息相关的题材，通过短视频的形式展示我国在经济、文化、科技等方面的成就，从而增强学生的民族自豪感和归属感，激发学生的爱国热情。

2. 着重塑造学生的社会公德和道德观念。在选题时，鼓励学生关注社会热点问题，挖掘正能量、积极向上的故事，通过短视频的传播，引导学生树立正确的价值观，培养良好的道德风尚，推动社会文明进步。

3. 倡导法治意识和法律观念。在选题过程中，引导学生关注法治建设、法律普及等方面的内容，通过短视频的形式普及法律知识，增强学生的法治观念，培养学生遵纪守法、依法维权的意识。

 **基础知识**

## 一、短视频选题

短视频的流行趋势已经成为不容忽视的事实。在今天的数字化时代，人们越来越依赖短视频来获取信息和娱乐休闲。随着技术的发展和人们对内容需求的不断变化，短视频行业的前景也变得越来越广阔。

短视频选题是指在制作短视频过程中，选择合适的主题或话题，并在此基础上进行剧本、拍摄和编辑等工作。

选题是制作短视频的第一步，也是非常重要的一步，因为它决定了短视频的内容和表现形式，直接影响短视频的质量和观众的接受程度。

在选题时，需要考虑多个因素，如受众的兴趣和需求、当前社会热点、品牌形象和推广目标等。选题的目的是吸引观众的眼球，让他们产生共鸣，从而提高短视频的曝光度和传播效果。因此，在选题时需要考虑观众的需求，把握当前的流行趋势，提供有趣、有用、有创意的内容。

同时，选题需要考虑短视频的时长和形式。短视频一般时间较短，通常在十几秒到几分钟之间，因此选题应该具有亮点和高潮，能够在短时间内吸引观众的注意力。此外，选题也需要考虑短视频的特点，如画面、配乐、字幕等，要确保这些符合选题特点，从而让短视频的表现更加出色。

一个好的选题可以提高用户的关注度、留存率和品牌价值，扩大短视频的影响力。因此，在短视频制作中，选题的重要性不容忽视，需要仔细考虑，要具有时代感、用户需求、创意性和可执行性等特点，从而制作出优质的短视频内容。

## 二、短视频选题要点

选题好坏直接决定了整个短视频的成败。选题的重要性体现于选题是短视频制作的关键环节，是短视频能否吸引观众的第一步。选好主题后，才能根据主题编写出优秀的剧本，进而制作出高质量的短视频。好的选题可以吸引用户的眼球，提高用户的点击率和留存率。一个好的选题应该符合用户的兴趣和需求，并具有一定的创意和独特性。此外，选题还应该符合短视频的形式和特点，能够在短时间内吸引用户的注意力，表现出内容的亮点。下面是一些关键的步骤，有助于定义短视频的主题和目标。

（1）定义主题。主题是短视频传达的核心信息和理念。为了定义一个好的主题，需要考虑受众、内容和表现方式。首先，了解受众的需求和兴趣点，找到受众感兴趣的话题或问题。其次，确定要表达的内容和信息，这些内容应该与主题紧密相关，能够引起受众共鸣。最后，考虑用什么样的表现方式来传达主题，如通过故事、演示、纪录片等方式来呈现主题。

（2）确定目标。目标是制作短视频的出发点和方向。它有助于明确短视频的意义和目的，并为短视频的制作提供具体的指导。在确定目标时，需要考虑短视频的类型、受众、传达的信息和呈现方式。如果短视频的目标是宣传某个产品或服务，那么需要在短视频中突出产品或服务的特点和优势，并让受众了解产品或服务的作用和效果。如果短视频的目标是推广品牌，那么需要在短视频中传达品牌的价值观和理念，增强受众对品牌的认知和信任度。

（3）确定情感共鸣点。情感共鸣点是指能够引起受众共鸣的情感体验和情感需求。

在制作短视频时，需要考虑受众的情感共鸣点，并通过画面、音效和配乐等方式来创造出强烈的情感体验。例如，短视频的主题是家庭关系，情感共鸣点可能是亲情、友情和爱情等。通过深刻地刻画这些情感共鸣点，让受众更加投入，从而产生更深层次的情感共鸣。

定义主题和目标是制作短视频的基础与出发点。通过仔细思考和规划，定义具有强烈感染力和意义的主题与目标，从而创造出更具价值和影响力的短视频作品。

同时，好的选题需要不断地进行市场调研和用户分析，了解用户的需求和兴趣点，从而为用户提供更加优质的内容体验。此外，选题还需要具有时效性和创新性，能够抓住用户的眼球，让用户对短视频的内容和品牌留下深刻印象。选题的要点在于以下几点。

（1）按照受众的需求和兴趣选择题材。短视频的主题要符合观众的兴趣爱好，能够引起他们的共鸣。可以通过观察社交媒体热门话题、了解受众需求等方式进行选择。

（2）突出短视频的特点。短视频的特点是短小精悍，要求内容简洁有力，迅速吸引受众的眼球。因此，在选择主题时，要注意突出短视频的特点，使内容更具吸引力。

（3）注意合法性和合规性。短视频的内容必须合法合规，不能涉及任何违法、低俗或不当的内容。在选择主题时，要注意避免触及这些方面，以保证短视频质量和安全性。

## 三、短视频选题禁忌

在选题的过程中，有一些常见的忌讳需要避免，以确保短视频的质量和观众的接受度。以下是一些常见的忌讳。

（1）非原创。选题过于模仿或者抄袭其他视频的内容，缺乏独特性和创意，容易被观众忽视。

（2）过度商业化。过分追求商业化效果，选题内容过于矫揉造作、浅薄，容易引起观众反感和厌烦。

（3）涉及敏感话题。选题过于敏感或涉及政治问题，容易引起争议和不良后果。

（4）过于热门。盲目追求热门话题，容易使选题内容平凡、毫无特色，失去观众的关注。

（5）与品牌不符。选题与品牌形象和产品定位不符，容易引起品牌形象混乱和认知误差。

（6）不符合观众需求。选题过于片面或者过于自我陶醉，忽略了观众的需求和反馈，容易使观众流失。

总之，选题应该注重独创性、有趣性、实用性和观众需求等多个方面的综合考虑，同时避免以上提到的忌讳，以确保短视频的成功和品牌形象的正面塑造。

<<<<<<< <

对于初学者，选题的常见错误还有以下几方面。

"急于求成"：立意选题过于随便，一分钟内定的主题，必然不是好的主题；

"主观成见"：不进行调研，选题陷入先入为主的窠臼，跟着主观意识自由飞翔；

"牵强附会"：生拉硬扯内容来填充主题，生产出一些"四不像"作品。

> >>>>>>>

小贴士

 **即测即练**

 **实训项目**

以 3 ~ 4 人为单位进行分组。明确分工，并以小组为单位确立选题。

确立短视频主题的工作流程如下。

**步骤 1**：受众分析。确定你的目标受众，了解他们的兴趣点和需求，为他们提供有价值的内容。

**步骤 2**：竞品分析。研究你的竞争对手，在确立短视频主题时，需要研究你的竞争对手是如何做的。看看他们的视频中有哪些内容或话题可以为你提供灵感，或者看看他们的短视频中有哪些方面可以改进。

**步骤 3**：确定核心话题。在确定你的核心话题时，需要进行前期调研，包括主题可能会在社交媒体上形成哪些热点，或者和哪些热点有关联度。一些好的话题可能包括如何解决问题、如何完成任务或如何达到目标等。

**步骤 4**：创造短视频大纲。围绕你的假想主题，创建一个简短的大纲，列出你想要在视频中涵盖的内容和要点。确保主题有展开的能力，内容足以支撑一个短视频的制作。

**技能训练表**

短视频选题技能训练表见表 2-1。

表 2-1 短视频选题技能训练表

| 学生姓名 | | 学　号 | | 所属班级 | |
|---|---|---|---|---|---|
| 课程名称 | | | 实训地点 | | |
| 实训项目名称 | 短视频选题 | | 实训时间 | | |
| 实训目的：<br>确立短视频选题。 | | | | | |
| 实训要求：<br>1. 根据本组题目确立主题方向。<br>2. 进行调研，确立主题科学性。<br>3. 确立主题。 | | | | | |
| 实训过程： | | | | | |
| 实训体会与总结： | | | | | |
| 成绩评定 | | 指导老师<br>签名 | | | |

**经验分享**

　　确立短视频主题是一个非常重要的过程，因为它能够帮助你为视频定下方向，保证视频的连贯性和清晰度。以下是一些确立短视频主题的技巧。

　　（1）找到一个明确的中心思想。短视频需要有一个明确的中心思想，可以是一个特定的主题、想法或故事。找到一个中心思想可以帮助你构思短视频的内容，并确保它们与主题相关。

（2）确定目标观众。了解目标观众可以帮助你选择合适的主题和内容，并将其以一种易于理解和吸引人的方式呈现出来。

（3）借助现有内容寻找灵感。在创作短视频主题时，可以通过观察其他的短视频或相关的内容来寻找灵感。这可以帮助你了解观众感兴趣的内容，以及如何将其以一种新颖和吸引人的方式呈现出来。

（4）创造一个引人入胜的标题。一个好的标题可以吸引观众的眼球，从而帮助你确立短视频的主题。标题应该是简短、明了、吸引人的，并传达视频的中心思想。

（5）创造一个故事或情境。将主题置于一个故事或情境中可以帮助你将其更好地呈现出来。这可以为观众提供一种有意思的方式来了解你的主题，并增强视频的吸引力。

（6）数据调查。可以通过社交媒体或其他渠道调研受众喜好，了解他们的兴趣和需求，并根据这些反馈来确立主题。

（7）保持简洁。短视频的时间长度通常很短，因此主题和内容应该尽量简洁。它们应该在短时间内传达主要信息，并且给观众留下深刻印象。

总之，确立短视频主题需要一些灵感和创造力，但是它也是一个非常重要的过程。通过上述技巧，你可以轻松地为你的短视频确立主题，并创建吸引人的内容。

# 任务 2-2　短视频剧本撰写

## 建议学时

8 学时。

## 任务目标

**知识目标**

1. 了解剧本的基本要素、结构和特点，如引子、冲突、高潮、结局等，能够选择符合目标受众需求和兴趣的选题，并在剧本中加以呈现；了解不同类型剧本的特点和编写方式，如喜剧、悬疑、爱情等。

2. 熟悉短视频剧本写作的基本规则和结构，熟悉短视频选题和目标受众。熟悉各种类型的剧本。

3. 掌握短视频的特点和规范，能够编写合理的剧情框架。能够根据选题和目标受众，选择合适的剧本类型。掌握短视频的表现形式、时间长度、画面呈现和配乐等特点，能够合理运用这些特点，编写符合规范的剧本。

**技能目标**

1. 能够进行短视频剧本的构思和创作：能够运用想象力和创造力，构思出生动有趣、具有情感共鸣的故事情节，并将其转化为剧本。

2. 能够合理运用短视频的表现形式：能够将剧本中的情节、人物和冲突等元素合理地呈现在短视频中，运用画面、配乐、字幕等手段，让观众产生情感共鸣。

3. 能够根据选题和目标受众编写合适的剧本：能够根据选题和目标受众的需求，编写出符合观众口味和受欢迎的短视频剧本。

4. 能够进行短视频剧本的修改和优化：能够根据制作和拍摄的实际情况，对剧本进行修改和优化，以确保短视频制作的质量和观众的接受度。

**思政目标**

1. 通过短视频剧本的创作，引导学生深入理解国家政治制度、政治体制以及社会主义道路的内涵，增强学生的政治认同感和信任感，使其成为国家政治生活的积极参与者和建设者。

2. 在短视频剧本的撰写过程中，强调诚实守信、敬业奉献、团结互助、公正公平等道德品质的体现，使学生在创作过程中形成正确的价值观念和行为规范，成为具备良好道德品质的公民。

3. 鼓励学生敢于创新、善于创新，通过短视频剧本的创作实践，培养学生的创新思维和创新能力，使其在推动社会进步、实现科技发展、促进经济增长等方面发挥积极作用。

 **基础知识**

# 一、短视频剧本

在选好主题后，需要准备剧本。剧本是短视频的灵魂，是制作短视频的重要基础。

短视频剧本是短视频制作的关键环节之一，它是指将短视频内容的故事情节、人物、情感表达等元素，通过文字的形式进行创作和规划，从而制定出短视频制作的蓝本和指南。

短视频剧本通常包含以下几个方面的内容。

（1）故事情节。它是短视频剧本最重要的部分之一，是短视频内容的核心，能够引起观众的情感共鸣和好奇，从而提高观看率。故事情节应该具有一定的起伏和转折，让观众产生情感上的共鸣。

（2）人物设定。短视频剧本中的人物是短视频故事情节中不可或缺的部分。人物设定要尽可能生动、有趣，同时也要符合短视频剧本的整体风格和主题。

（3）场景描述。短视频剧本中的场景描述应该尽可能详细、生动，能够帮助制作人员在后续的制作中进行合理的场景搭建和拍摄。

（4）台词和配乐。短视频剧本中的台词和配乐是短视频内容表现的关键部分之一，能够帮助观众更好地理解故事情节和情感表达。台词和配乐的运用应该符合短视频剧本的整体风格与主题。

短视频剧本能够帮助制作人员更好地规划和创作短视频内容，从而制作出更加有趣、生动、富有情感共鸣的短视频作品。

## 二、短视频剧本要点

在准备剧本时，需要注意突出短视频的特点，尽量做到简洁、有力，突出重点，提升观看效果；合理安排时间和空间，使得短视频的节奏紧凑、主题明确，给受众留下深刻印象；把握故事情节，要有起承转合，有情节的变化和发展，使观众能够产生情感共鸣，提升观看体验，具体来说有以下几方面。

（1）剧本的撰写需要突出主题和情节，使短视频更具有情感共鸣和吸引力。要注意把握好情节的起承转合，突出主题和主人公的形象。

（2）确定短视频的时间和空间是短视频制作的重要步骤之一，它有助于确定视频的拍摄计划和视觉效果，以达到更好的表现效果。

①确定时间。确定短视频的时间涉及视频的总长度以及各个场景或片段的长度。在确定时间时，需要考虑受众的注意力和接受能力，避免视频过长或过短，保证视频的表现效果。通常，短视频的长度为1~3分钟，根据内容和目的的不同可以适当调整。在确定时间的过程中，还需要根据剧情的发展、场景的设置和受众的情感体验等方面进行合理的安排。

②确定空间。确定短视频的空间涉及视频的拍摄地点和场景布置等方面。在确定空间时，需要考虑短视频的主题和目的，以及受众的情感体验和视觉效果。在选择拍摄地点时，可以根据场景的需要选择不同的地点，如室内、室外、自然景观等。在布置场景时，需要考虑场景的氛围、元素和细节等方面，以达到更好的视觉效果。此外，还需要考虑拍摄的灯光、音效等方面，以保证视频的拍摄质量和表现效果。

③合理搭配时间和空间。在确定时间和空间时，需要根据剧情的发展和情感体验的需要进行合理搭配。例如，在视频的开始阶段可以设置简单的场景和镜头，逐渐引出视频的主题和情节，以吸引受众的注意。在视频的高潮部分，可以通过切换不同的镜头和场景来加强情感体验和视觉效果。在视频的结尾阶段，可以通过适当的音效和画面处理等方式来突出视频的主题和目的，给受众留下深刻的印象。

总之，确定时间和空间是短视频制作的重要步骤，需要考虑到受众的接受能力和情感体验，以达到更好的表现效果。通过仔细地规划和安排，能够创造出具有强烈感染力和视觉效果的短视频作品。

（3）在剧本中确立场景和动作。场景和动作是短视频制作中非常重要的元素，能够为视频赋予更加生动、具体和丰富的表现形式，以达到更好的表现效果。

①确定场景。在确定场景时，需要考虑视频的主题和目的，以及受众的情感体验和视觉效果。场景可以通过不同的布景、道具、服装等方式来表现，例如，通过搭建特殊的场景、使用特定的背景或景点等方式来实现。

②安排动作。在安排动作时，需要考虑到视频的情节和剧情的需要，以及受众的情感体验和视觉效果，可以通过人物的表情、动作、姿态等来表现。在安排动作时，需要考虑动作的流畅性、逻辑性和表现力等方面，以达到更好的视觉效果。

③合理搭配场景和动作。在制定场景和动作时，需要根据剧情的发展和受众情感体验的需要进行合理搭配。

场景和动作是短视频制作中非常重要的元素，能够为视频赋予更加生动、具体和丰富的表现形式，以达到更好的表现效果。

另外要注意的是，剧本撰写需简短明了，从而让观众在短时间内了解到短视频的主题和情节。要注意控制剧情的复杂度，简洁明了是制作短视频的关键。

要考虑好时间和空间，尽量使短视频的节奏紧凑，给观众留下深刻印象。同时，要做好拍摄场地和场景的选择，避免拍摄过程中出现一些不必要的干扰。

在剧本的编写中，语言要简练生动，符合观众的口味和喜好，从而更好地吸引观众的注意力。要注意避免使用过于复杂和生僻的词语，增加观众的理解难度。

剧本的撰写需要合理运用影视语言。合理运用影视语言，包括画面语言、音效语言、配乐语言等，提高短视频的艺术感染力和观赏性。要注意画面的合理构图、镜头的运用、音效和配乐的选择等方面。

在编写剧本时，要对剧本进行反复修改和完善，不断优化剧本的质量，确保剧本质量高、流畅度好、内容丰富，特别要注意剧本的合法性和合规性。

制作好剧本是短视频制作中非常重要的环节。选题能够引导制作方向、吸引观众和提高短视频质量。剧本则是选题的拓展。只有选好主题和制作好剧本，才能制作出高质量、有吸引力的短视频，获得观众的喜爱和认可。

## 三、短视频剧本创作规范

剧本的格式通常遵循以下标准格式。

（1）剧本标题页。包含剧本的标题、作者、联系信息和创作日期等信息。

（2）角色表。列出所有在剧本中出现的角色和演员，以及他们的特点和职业。

（3）剧本概述。简要介绍剧情，以及剧本的主题和风格等信息。

（4）剧本正文。按照场景逐一叙述剧情，包括场景描述、角色对话和行动等内容。

（5）舞台指示。描述角色的动作和表情，以及场景的道具、布景和灯光等。

（6）注释。对剧本中的一些重要细节进行解释，以便演员和制作人员理解与执行。

需要注意的是，剧本格式可以根据具体需要进行一定的修改和调整，如添加场景号、对话格式等。为了让演员和制作人员更好地理解与执行，最好在剧本格式上保持一定的一致性。

一个标准的文学剧本模板，包括标题页、剧本格式、剧本内容和剧本样式等方面的要求。

（1）标题页。

剧本标题：居中书写，使用大号字体。

作者名字：右下角书写，使用小号字体。

联系信息：右下角书写，使用小号字体。

（2）剧本格式。

字体：使用常见的字体，如仿宋、宋体等。

字号：剧本文本使用 12 号字体，标题可以使用更大的字号。

行距：1.5 倍行距，段落间隔应该明显。

边距：左右边距为 1 厘米，上下边距为 1.25 厘米。

对话：每个角色的对话应该缩进，并且在每个角色名字之前加上一个空格。例如：

教室

同学们坐在教室里，老师站在讲台上。沈小飞紧张地站在讲台前，准备演讲。

　　沈小飞（紧张地）：大家好，我今天要讲的是……呃……是……（突然卡壳）

同学们开始窃笑，沈小飞更加紧张，脸红得像个熟透的苹果。

　　老师（鼓励地）：沈小飞，别紧张，慢慢来。

　　沈小飞（尴尬地）：对不起，我……我忘词了。

同学们哄笑，沈小飞羞愧地回到座位。

场景：每个场景应该单独成页，顶端应该写上场景名称。例如：

场景 1- 小飞家

动作：应该使用简洁的语言描述。例如：

小琴拿起电话，拨了一个号码。

（3）剧本内容。剧本应该包括的内容有角色列表、场景列表、剧情概述、详细剧情、角色设定和台词等。

角色列表应该包括每个角色的名字、性别、年龄、职业等信息，以便演员和导演选择合适的角色。

场景列表应该包括每个场景的名称、时间、地点等信息，以便制片人和导演安排拍摄。

剧情概述应该简短地介绍整个故事的主要情节，以便读者了解故事的大致轮廓。

详细剧情应该包括每个场景的详细情节，包括角色的行动和台词等。

角色设定应该包括每个角色的性格、动机、背景等信息，以便演员和导演理解角色以及演员表演。

台词应该精简、自然、有节奏感，以便演员表演和观众理解。

（4）剧本样式。

剧本应该使用黑色字体，不应该使用任何颜色或花哨的字体。

剧本应该使用阿拉伯数字表示页码，放在页面右下角。

剧本应该避免使用过多的描写性文字，尽可能使用对话和动作来展示情节与角色。

## 四、短视频剧本创作五原则

第一，真实性（尊重观众原则）——写观众看得懂、感兴趣、会认同的故事。只要你的作品是打算给观众看的（而不是孤芳自赏、自我发泄、圈内交流的），就必须在创作的时候有观众意识，需要注意以下几点。

（1）明确并了解自己的目标观众。

（2）尊重目标观众的价值观、道德观。

（3）尊重目标观众的智力水平和欣赏习惯。

（4）尊重目标观众的生活经验和常识。

有些作品看上去是在挑战（部分）观众的某一方面，事实上，其一定在更高或更深层面上迎合了（部分）观众。

第二，生活性（源于生活原则）——写自己能把握的真实生活。评价一部作品最高的也是唯一的标准是：观众的认可或认同。观众总是认同真实、真诚、不虚假的（历史真实或情感真实）东西，而观众认同的参照就是生活。

因此要想让观众感到你的作品不虚假，就必须谨遵生活性原则。

（1）作者必须写自己能把握的生活，即自己熟悉的生活；必须表现来自生活的观念和体验，以保证你的表达是属于你的，而不是照搬来的陈词滥调。

（2）作品必须选用来自生活的题材和人物（有些角色看似来自科幻世界，但却总是有生活中人的性格和感情，包括缺陷），以保证故事按照观众可以理解的逻辑发展，即做到合情合理。

（3）故事来源于生活，但不是照搬生活，要对生活有所提炼（即便那些看上去连续刻板记录现实的影片，其展现也是一种选择和提炼，在作者看来这段生活最典型、最能表达主题）。

"生活中确实发生过"绝不是写作的理由，任何事情都可能发生，但是实际发生的只是事实，不是真理；只是事件，不是故事。纯粹罗列生活中发生的事件绝不能导向生活的真谛。

（4）提炼生活，绝不是把生活抽象化，失去生活的细节和原味。

（5）每个人都有自己的生活，要善于发现自己生活中的戏剧性，发现其中感动人的东西，发现真理。

（6）作家可以通过体验和其他方式，增加生活积累。积累包括素材积累、感情积累、感悟见识积累（见识可以穿透、观照、提升生活素材）。

第三，戏剧性（故事性第一原则）——编个合情合理的好故事是作家的第一任务。

漏洞百出的虚假的故事被迫用玄妙来取代实质，用奇诡来取代真实。虚弱的故事为了博取观众的欢心已经堕落为成百上千万美元堆砌起来的大嗡大哄的演示。

——罗伯特·麦基

我们需要注意以下几点。

（1）剧本平淡乏味的根本原因总是与故事有关：故事进展过程的缺乏、虚假的动机、累赘的人物、空洞的潜台词、处处漏洞的情节。

（2）作家75%的劳动要用在设计故事上：这些人物是什么人？他们需要什么？他们为什么需要？他们如何得到？他们面临的阻力是什么？其后果是什么？找到这些重大问题的答案并把它们构建成故事，是作家压倒一切的创作任务。

（3）好的故事就是值得讲、别人也愿意听的人和事，发现这些人和事是作家的任务。

（4）故事要求有生动的想象力和强有力的分析性思维；作家必须有足够的创造力，以别人意想不到的方式把材料组织起来。

（5）作家必须相信，你的观念只能通过故事表达，而且故事中的人物比真人更真实，虚构的世界比具体的世界更深刻。

（6）故事要有戏剧性，即那些给生活带来深刻变化的惊诧和揭秘。

（7）故事要表现真理、追求真理、拷问真理。

（8）故事要表现人性，深入人物内心，从他们的眼光看世界，对自己的人物充满同情。

总之，故事要允许想象自由驰骋，要有幽默感，要追求完美，要热衷于独一无二的创新。

第四，冲突对抗——编剧就是要设计一连串的对抗与冲突。冲突是戏剧性的来源，是剧作的生命，编剧必须把营造冲突作为自己的首要任务。冲突产生于两股势力（背后是价值观或目标）不可调和的对抗，否则是虚假的冲突（虚假的冲突多用于喜剧）。

第五，逻辑性（合乎逻辑原则）——剧作的所有方面都要合情合理。

（1）观众对影片潜在的、决不改变的标准是影片是否合情合理（合乎逻辑）。

（2）合乎逻辑有三个层面的意思：①现实主义影片要合乎现实世界，即具备历史真实性（逻辑同一律）；②对于那些虚构、科幻、表现主义电影，其内部逻辑不能相互抵触，要统一、自我融洽；③人物的性格发展、情感反应和行为举止要符合逻辑（合情合理）。

## 五、短视频剧本创作与电影剧本创作的区别

短视频剧本和电影剧本虽然都是剧本，但是在创作上存在一些区别。

（1）短视频剧本相对于电影剧本来说，篇幅要短得多，通常只有几页甚至几十秒钟的时间。因此，短视频剧本的故事情节相对简单，着重于表达一个点或者传递一种情感，剧情设置也相对简单，可以直接切入主题，迅速引起观众的兴趣。

（2）短视频剧本在节奏上更快，需要用更少的时间来表达故事情节和情感，因此需要使用一些直接和生动的手法，如情节的跳跃、镜头的切换等，以此提高短视频的流畅度和紧凑性。

（3）由于短视频通常是在移动设备上观看，因此短视频剧本还需要考虑到观众在手机等设备上观看时的观感和视觉效果，需要注重对画面的精细处理和剪辑技巧。

而电影剧本则更注重深度和复杂度，通常需要用较长的篇幅来展示复杂的情节和人物关系。电影剧本需要经过多次修改和反复打磨，才能达到最终的制作标准。

总之，短视频剧本和电影剧本虽然都是剧本，但在创作方式、目标受众、剧情设置等方面有着明显的差别。

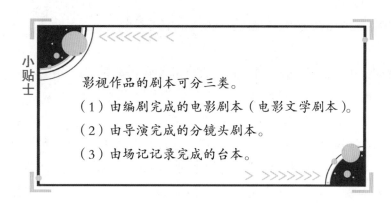

小贴士

<<<<<<< <

影视作品的剧本可分三类。

（1）由编剧完成的电影剧本（电影文学剧本）。

（2）由导演完成的分镜头剧本。

（3）由场记记录完成的台本。

> >>>>>>>

 即测即练

**实训项目**

以 3 ~ 4 人为单位进行分组。明确分工，并以上节课选题为基础撰写短视频剧本。

短视频剧本包含的内容如下（样本请扫码下载）。

视频 2-1

脚本创作构思与
格式规范

（1）人物身份。性别、年龄、职业背景。

（2）人物外形。例如：穿着（特殊装饰）、性格表现。

（3）性格标签。例如：诚信正直、风趣幽默、百折不挠等。

（4）选题。中心事件。

（5）事件概述。5W1H。

（6）脚本。

（7）开头起因。

（8）经过正文（含动作、对答）。

（9）结尾。

步骤 1：

建置情景：在剧本（影片）开端，用大约 1 分钟的时间（篇幅），通过某一片段的日常生活或某一次要事件，交代如下内容：

谁是主人公；

主要人物的性格特征；

主要人物的关系；

故事情景：必要的社会大环境以及人物周围的小环境。

步骤 2：

引入事件：在第 2 ~ 3 分钟处，把主人公引入某个事件。

事件必须彻底打破主人公平衡。

事件一般是一个单一事件。

事件或者直接发生在主人公身上，或者由主人公所导致，主人公能立刻意识到，如果事件由伏笔和发现两个动作组成，它们之间不能相隔太远，主人公必须对激励事件作出反应，从而激发他的某个自觉或不自觉的欲望，并为了这个欲望与各种对抗力量抗衡，最终成功或不成功，这就是故事。

事件可以由于主人公的决定引起，也可以意外降临。事件必须发生在镜头内，既不能发生在幕后，也不能发生在镜头之外的场景中。应该尽快把事件引入，但是务必等到时机成熟。事件与世界、人物和短视频类型密切相关，它必须彻底打破主人公平衡，并激发主人公欲望。事件的冲击给主人公创造了机会，构思事件时对这一事件可能导致的主人公的结果要心中有数。

**技能训练表**

短视频剧本撰写技能训练表见表2-2。

表2-2　短视频剧本撰写技能训练表

| 学生姓名 | | 学　　号 | | 所属班级 | |
|---|---|---|---|---|---|
| 课程名称 | | | 实训地点 | | |
| 实训项目名称 | 短视频剧本撰写 | | 实训时间 | | |
| 实训目的：<br>撰写短视频剧本。 | | | | | |
| 实训要求：<br>1. 根据主题完成剧本。<br>2. 故事合理。<br>3. 有可操作性。 | | | | | |
| 实训过程： | | | | | |
| 实训体会与总结： | | | | | |
| 成绩评定 | | 指导老师<br>签名 | | | |

 **经验分享**

剧本写作要注意以下几点。

（1）可视性强，用画面叙事。

（2）画面力求具体，避免过于笼统。

（3）努力运用声音元素。声音应该体现在剧本阶段。

（4）文字清爽、干净。文字着重表现影片中主要的影像、声音、剪辑的内容，不拖泥带水，无过多文学上的修饰。

（5）以场分段，即以场景来划分文字的自然段落。

（6）注意段与段之间的转场处理。

# 任务 2-3　短视频分镜头脚本设计

## 建议学时

8 学时。

## 任务目标

**知识目标**

1. 熟悉短视频制作流程和基本知识，包括视频拍摄、剪辑、配乐、特效等方面的知识。

2. 了解不同的短视频类型，包括搞笑、生活、纪录、短片等，以及它们的特点和要求。

3. 熟悉不同的镜头类型和拍摄技巧，包括特写、中景、远景、跟踪等，以及如何运用它们来创造不同的视觉效果和情感表达。

4. 掌握短视频的节奏和节拍，了解如何在分镜头脚本中合理地安排节奏和节拍，使得短视频更具有流畅感和视觉冲击力。

5. 了解基本的色彩理论和色彩运用技巧，以及如何通过色彩搭配来增强短视频的视觉效果。

**技能目标**

1. 能够根据短视频主题和要求，合理地设计分镜头脚本，并按照要求进行拍摄。

2. 能够根据镜头类型和拍摄技巧，精准地掌握拍摄技巧，拍摄出高质量的镜头。

3. 能够通过剪辑、配乐和特效等方式，对拍摄好的素材进行后期处理，以达到最佳的效果。

4. 能够根据短视频节奏和节拍，恰当地安排镜头顺序和时间长度，使得短视频更加流畅和吸引人。

5. 能够灵活地运用色彩理论和色彩搭配技巧，创造出符合主题和情感的视觉效果。

**思政目标**

1. 通过短视频分镜头脚本设计教学，使学生认识到传统文化的价值，自觉传承和弘扬中华优秀文化，树立对民族文化的自豪感和归属感。

2. 在短视频分镜头脚本设计教学中，让学生意识到自己的创作能够传递正能量、影响他人，进而积极投身到国家和社会的发展中，为实现中华民族伟大复兴的中国梦贡献自己的力量。

3.在短视频分镜头脚本设计教学中，通过讲解知识产权、版权保护等相关法律法规，让学生认识到创作过程中的法律风险和责任，引导他们自觉遵守法律法规，尊重他人的知识产权。

 **基础知识**

## 一、短视频分镜头脚本

短视频分镜头脚本是指将整个短视频拆分为多个镜头，并在脚本中详细描述每个镜头的拍摄内容和要求，以便拍摄和后期制作。分镜头脚本包含以下几个方面的内容。

（1）镜头编号。为了方便后期制作，每个镜头需要有独立的编号，从而准确地描述和组合每个镜头的素材。

（2）镜头描述。详细地描述每个镜头的拍摄内容，包括拍摄角度、镜头类型、拍摄距离、拍摄对象、动作等。这些内容需要符合短视频主题和情感，能够通过画面表达出来。

（3）镜头要求。除了镜头描述，还需要针对每个镜头列出具体的拍摄要求，如拍摄位置、灯光要求、拍摄时间、演员要求等。这些要求需要和拍摄场地、人员及设备匹配，以保证拍摄的质量和效果。

（4）镜头长度。每个镜头的时间长度需要在分镜头脚本中进行规划，以确保短视频的整体节奏和效果。

（5）过渡方式。不同的镜头之间需要有恰当的过渡方式，如淡入淡出、交叉剪辑、切换等。这些过渡方式需要在分镜头脚本中明确描述，以便后期制作。

短视频分镜头脚本的编写需要结合短视频的主题、情感和要求来进行，需要综合考虑各个方面的要素，以确保最终的短视频效果符合预期。同时，需要灵活运用镜头类型和拍摄技巧，以达到最佳的视觉效果和情感表达。

## 二、短视频分镜头脚本创作要点

（1）定义主题和目标。在制作短视频分镜头脚本之前，首先需要确定短视频的主题和目标。主题是短视频的核心，它决定了短视频的整体风格和画面呈现方式。目标是指短视频要传达的信息和表达的情感。在编写分镜头脚本时，需要始终围绕主题和目标展开，确保每个镜头都服务于主题和目标。

（2）确定时间和空间。在编写分镜头脚本时，需要考虑时间和空间的限制。时间和空间的限制会影响到每个镜头的长度和画面构图。要根据短视频的主题和目标，结合实际情况，合理确定时间和空间。

（3）描述场景和动作。在每个镜头中，需要描述清楚场景和动作。场景描述需要准确地表达出场景的位置、大小、形状、光线、气氛等特征，以便更好地呈现画面效果。动作描述需要详细描述人物的动作，包括移动、转向、表情、手势等，以便更好地传达信息和情感。

（4）确定镜头角度和距离。在编写分镜头脚本时，需要根据主题和目标，选择合适的镜头角度和距离。常用的镜头角度包括近景、中景和远景等，常用的镜头距离包括全景、半景、特写等。不同的镜头角度和距离会影响到画面的效果与表现力，需要根据具体情况进行选择。

（5）制定音效和配乐。在编写分镜头脚本时，需要考虑音效和配乐的问题。音效和配乐是短视频中非常重要的元素，能够提高短视频的艺术感染力和观赏性。需要根据主题和目标，选择合适的音效和配乐，并在分镜头脚本中描述清楚。

（6）确定转场方式。在编写分镜头脚本时，需要考虑镜头之间的转场方式。常用的转场方式包括剪辑、淡入淡出、擦除、推拉等。不同的转场方式会产生不同的效果，需要根据具体情况进行选择。

（7）注意镜头数量和持续时间。在编写分镜头脚本时，需要注意镜头的数量和持续时间。过多的镜头会使画面过于烦琐，过长的持续时间会让观众产生疲劳感。需要根据主题和目标，控制镜头数量和持续时间，确保画面流畅、精彩。

（8）确认脚本流畅性和逻辑性。在编写分镜头脚本时，需要确认脚本的流畅性和逻辑性。每个镜头之间应该具有连贯性和逻辑性，让整个视频故事更加连贯、通顺。在完成分镜头脚本之后，需要反复推敲、修改，确保脚本符合主题和目标，同时具有艺术感染力和观赏性。

总之，编写分镜头脚本是短视频制作的重要环节，需要认真思考和仔细规划。通过合理安排每个镜头的场景、动作、角度、距离、音效和配乐等元素，能够创造出具有艺术价值和感染力的短视频作品。

## 三、短视频分镜头脚本的场景、景别、机位和转场

在短视频制作中，镜头角度和距离的选择直接影响着视频的视觉效果与叙事效果。因此，正确地选择合适的镜头角度和距离非常重要。以下是一些关键步骤，有助于确定镜头角度和距离。

（1）确定主要角度和距离。根据视频的主题和情节需要，以及受众的情感体验和视觉效果，选择主要的镜头角度和距离。例如，如果视频需要表现人物的心理变化和情感波动，可以选择特写和近景镜头；如果需要展现人物的外在行为和环境互动，可以选择中景和远景镜头。

（2）合理运用各种镜头角度和距离。除了主要的角度和距离之外，还可以根据情节需要和表现效果的要求，合理地运用各种镜头角度和距离。例如，可以使用俯视和仰视角度来表现人物的威严或者卑微，也可以使用跟随和倒影镜头来突出某个场景或者人物。

（3）注意镜头转换的连贯性。在选择镜头角度和距离时，需要注意不同镜头之间的转换，保持转换的连贯性和自然性。例如，在转换不同镜头时，需要注意移动的速度和方向，避免画面抖动和断层。

（4）根据视频的风格和主题进行调整。在确定镜头角度和距离时，需要考虑视频的整体风格和主题，以达到更好的视觉效果。例如，在制作喜剧类视频时，可以运用特写和特定的角度与距离来突出人物的滑稽及搞笑；在制作动作类视频时，可以运用快速移动的镜头和多角度、多距离的组合来表现人物的战斗。

**（一）短视频分镜头脚本常见场景**

在剧本创作中，场景用来描述剧中出现的不同地点类型和特点。以下是一些可能用到的类型。

（1）室内场景，如家庭、办公室、酒店、商店等。可以通过描述家具、墙壁、窗户等细节来丰富场景的感觉和氛围。

（2）室外场景，如公园、街道、广场、森林等。可以通过描述天气、植被、建筑物等细节来表现场景的感觉和氛围。

（3）特殊的场景类型，如车内、飞机、船舱、电影院等。可以通过特殊场景的元素来丰富场景的感觉和氛围。

（4）梦境场景，指在剧情中出现的梦境场景，可以通过特殊的视觉效果和语言描述来表现梦境的感觉与氛围。

（5）回忆场景，指在剧情中出现的回忆场景，可以通过特殊的视觉效果和语言描述来表现回忆的感觉与氛围。

（6）幻想场景，指在剧情中出现的幻想场景，可以通过特殊的视觉效果和语言描述来表现幻想的感觉与氛围。

（7）特技场景，指一些特殊的场景类型，如爆炸、火灾、追车等。可以通过特技场景的元素来丰富场景的感觉和氛围。

这些只是常见的类型，实际上还有很多其他类型的场景，取决于剧本的内容和情节。

**（二）短视频分镜头脚本常见景别**

通常，我们在观察自然界的事物、某种现象或各种人物时，从心理、视觉上可根据需要随时改变观察的视角。例如，浏览整体场景，聚焦某个细节，关注人物神情变化等。由此，产生了景别的不同范围。

景别是一种很重要的镜头语言，一般分为远景、全景、中景、近景和特写。

分镜头脚本创作中常用的景别包括以下几种。

（1）全景。全景展示角色和环境的整体等，如图 2-4 所示。

图 2-4　全景

（2）中景。中景展示角色的身体和环境的一部分，通常用于对话场景，如图 2-5 所示。

图 2-5　中景

（3）近景。近景展示角色或物品的细节，如人物的面部表情、手势、物品的特写等，如图 2-6 所示。

（4）特写。特写展示非常近距离的细节，如人物的眼睛、嘴巴、手指等，如图 2-7 所示。

景别示意如图 2-8、图 2-9 所示。

图 2-6　近景

图 2-7　特写

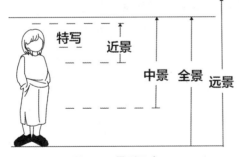

图 2-8　景别示意 1

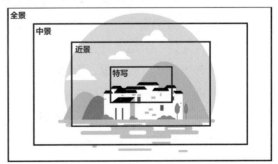

图 2-9　景别示意 2

## （三）短视频分镜头脚本常见机位

分镜头脚本创作中常用的机位包括以下几种。

（1）固定机位。相机位置稳定，不随被拍摄对象的运动而移动，通常用于展示静态场景或拍摄静态物品。

（2）跟随机位。相机随着被拍摄对象的运动而移动，通常使用运动稳定器或跟踪轨道进行拍摄，可用于展示被拍摄对象的移动轨迹和动态场景。

（3）环绕机位。相机围绕被拍摄对象旋转，通常用于展示被拍摄对象的形状和外观。

（4）横移机位。相机沿着水平方向移动，通常用于展示场景的变化和拍摄行进中的车辆等。

（5）升降机位。相机沿着垂直方向移动，通常用于展示高空和低地的视角，或者用于拍摄人物的身高差距。

这些机位可以单独使用，也可以组合使用来创造更多种类的效果。例如，横移机位和跟随机位结合使用可以展示被拍摄对象的运动轨迹与场景变化；升降机位和固定机位结合使用可以展示高低角度的场景与人物形象。

通过不同的机位，可以形成不同的镜头，如：

鸟瞰镜头。从上方俯视场景或人物，用于展示全景或环境。

仰视镜头。从下方向上拍摄，通常用于展示威严、权势等。

低角度镜头。从下方向上拍摄，用于展示角色的力量、英雄气概等。

中景镜头。展示人物的半身或胸部以上的部分，通常用于对话场景。

近景镜头。展示人物的面部特写或物品的特写，用于展示情感细节和重要的道具。

全景镜头。展示完整的场景或人物，用于展示环境和情境。

### （四）短视频分镜头脚本常见转场

在短视频制作中，转场是连接不同镜头和场景的重要手段，可以有效地展现出视频的节奏和情感。常用的转场有以下几种。

（1）淡入淡出。通过将画面逐渐变亮或变暗来实现转场效果。淡入淡出是最基本的转场方式，通常用于表现柔和、柔美、柔情的场景，如日出、日落、人物思考等。

（2）切换。将一个画面直接切换为另一个画面，通常以黑色或白色的背景作为转场效果。切换转场方式比较简单，但可以有效地表现出速度感和紧张感。

（3）滑动。将一个画面在屏幕中滑动，同时新画面随之出现。滑动转场方式可以通过不同的方向和速度来展现不同的情感与节奏感。

（4）转动。将画面沿某个轴线旋转，同时新画面随之出现。转动转场方式可以通过旋转的速度、方向和角度来表现不同的情感与视觉效果。

（5）放大缩小。通过将画面逐渐放大或缩小来实现转场效果。放大缩小转场方式可以用于表现主题的重要性或者强调某个元素。

（6）镜头拉远或拉近。通过将镜头逐渐拉远或拉近来实现转场效果。镜头拉远或拉近可以帮助观众更好地理解场景的关系，同时也可以表现出人物的心理变化。

除了以上几种转场方式之外，还有一些特效转场方式，如闪烁、流光、碎裂等，这些转场方式通常需要配合视频特效和音乐来使用，以达到更好的效果。在制作短视频时，不同的转场方式可以根据主题和情感来选择，以便更好地表达视频的意图和效果。

## 四、短视频分镜头脚本格式

在短视频制作中，脚本的流畅性和逻辑性是非常重要的，这直接关系到观众是否能够理解和接受视频的内容。下面介绍几种确认脚本流畅性和逻辑性的方法。

（1）故事板。故事板是指将脚本分解成一帧帧的图片或图示，从而帮助制作团队更好地理解和确认脚本的流畅性与逻辑性的方法。故事板需要将每个镜头、每个场景和角色的动作都表现出来，便于后续的制作。

（2）逻辑检查。在确认脚本逻辑性时，需要检查故事情节是否合理，每个角色是否有清晰的动机，场景是否合适，是否存在时间和空间上的矛盾等。通过逻辑检查，可以确保脚本的故事情节合理、通顺，从而让观众更好地理解视频的主题和情感。

（3）视频草图。视频草图是指通过手绘或软件绘图将视频的整体流程和细节进行概括与展示的方法。通过制作视频草图，能够更好地确认视频的故事情节和场景转换的流畅性，同时也能够检查角色动作和表情是否合适，这对于后续的制作工作非常有帮助。

小贴士

### 朗读和模拟演练

在确认脚本流畅性时，可以通过朗读和模拟演练的方式来检查。通过朗读脚本，可以更好地感受到脚本的语言是否流畅、表述是否清晰，同时可以调整语言和表述方式。通过模拟演练，可以更好地把握角色动作、场景转换等细节问题。

视频 2-2

脚本创作构思与
格式规范 2

 **即测即练**

视频 2-3

分镜头剧本制作

**实训项目**

以 3 ~ 4 人为单位进行分组。明确分工，并以上节课的剧本为基础撰写分镜头剧本。

分镜头剧本包含的内容如下（样本请扫码下载）。

故事板如图 2-10 所示。

| | | | | | 短视频拍摄脚本 | | | | | |
|---|---|---|---|---|---|---|---|---|---|---|
| 镜号 | 场景 | 景别 | 机位 | 画面内容 | 时长 | 对白 | 旁白 | 字幕 | 特效 | 备注 |
| 1 | 展厅 | 全景 | 固定 | 沈小飞从学校走出来停车场 | 2 | | | | 无 | |
| 2 | 车内 | 特写 | 固定 | 沈小飞坐在驾驶位准备出发 | 2 | 沈小飞：客户说在天府一街见面，我们出发 | 无 | 出发 | 无 | |
| 3 | 马路上 | 中景 | 后拉 | 汽车到达停车画面 | 1 | | | | | 背景音乐 |
| 4 | 车内 | 近景 | 固定 | 拿出手机打电话 | 1 | 说：我们到了，你在哪里呢 | | | | |
| 5 | 车内 | 中景 | 固定 | 在驾驶位对着摄像机说 | 1 | 说：我们到了，你在哪里？<br>客户说：好的，我下来接你们 | | | | |

图 2-10　故事板

视频草图如图 2-11 所示。

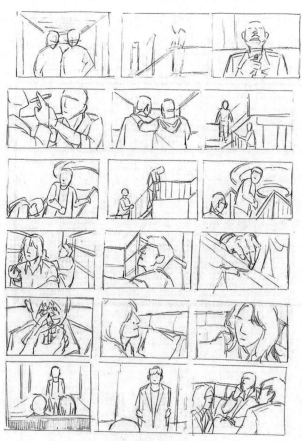

图 2-11　视频草图

技能训练表

短视频分镜头脚本设计技能训练表见表 2-3。

表 2-3　短视频分镜头脚本设计技能训练表

| 学生姓名 | | 学　　号 | | 所属班级 | |
|---|---|---|---|---|---|
| 课程名称 | | | 实训地点 | | |
| 实训项目名称 | 短视频分镜头脚本设计 | | 实训时间 | | |
| 实训目的：<br>制作短视频分镜头脚本。 | | | | | |
| 实训要求：<br>1. 完成分镜头脚本创作。<br>2. 有完整的故事板和视频草图。<br>附加：有余力的同学可以尝试绘制场景气氛图 | | | | | |
| 实训过程： | | | | | |
| 实训体会与总结： | | | | | |
| 成绩评定 | | 指导老师<br>签名 | | | |

经验分享

在短视频制作中，镜头数量和持续时间是影响视频节奏与观感的重要因素，因此需要注意以下几点。

（1）镜头数量。过多的镜头数量容易导致视觉上的疲劳，也会让观众感到混乱和失落，因此需要在创作过程中尽量控制镜头数量。通常情况下，短视频镜头数量不宜过多，一般控制在 10~20 个，能够更好地保证观众的注意力。

（2）镜头持续时间。镜头持续时间是指镜头的播放时间长度。太短容易让观众感到浮躁，太长则会导致观众的视觉疲劳，因此需要控制好镜头的持续时间。短视频镜头持续时间不宜过短，通常为 1~10 秒，能够更好地展示视频的主题和情感。

（3）节奏感。节奏感是指视频中镜头之间的节奏感受，也是影响观众感受的一个重要因素。在制作过程中需要注意给视频制定一个合适的节奏，不要让观众感到无聊或疲惫。通过适当地调整镜头的数量和持续时间，加上合适的转场方式和音乐，能够创造出有节奏感的短视频作品。

（4）视频的目的和受众。视频的目的和受众也是需要考虑的重要因素。针对不同的目的和受众，制作的短视频可能需要不同的镜头数量和持续时间。例如，对于营销推广类的短视频，需要更加简洁明了，镜头数量和持续时间要控制得更为精准。

# 项目 3
# 拍摄设备认知与使用

《鉴湖》

🖳 **导语**

### 短视频拍摄器材有哪些

短视频拍摄器材可以根据需求和预算不同，选择不同的设备和配件。以下是常见的短视频拍摄器材，如图 3-1 所示。

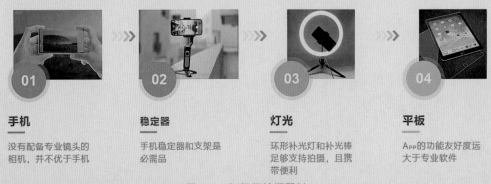

**手机**
没有配备专业镜头的相机，并不优于手机

**稳定器**
手机稳定器和支架是必需品

**灯光**
环形补光灯和补光棒足够支持拍摄，且携带便利

**平板**
App的功能友好度远大于专业软件

图 3-1 短视频拍摄器材

手机：现在智能手机拍摄视频的质量和效果都很不错，可以作为低成本的拍摄器材使用。部分高端手机还配有光学防抖、4K 拍摄等功能，能够满足一定的拍摄需求。

相机：单反相机和微单相机等高端相机能够提供更高质量的视频画面和更多的手动控制选项。相机通常搭配不同类型的镜头，可以根据需要选择广角、长焦、微距等不同的镜头。

云台和稳定器：云台和稳定器可以帮助消除拍摄中的抖动与晃动，使视频画面更加平稳。常见的云台和稳定器类型有手持稳定器、三轴稳定器、云台等。

麦克风：高质量的音频也是短视频制作中不可缺少的部分，可以通过外接麦克风来提高录音质量。常见的麦克风类型有话筒、立体声麦克风、无线麦克风等。

灯光：灯光可以改善拍摄场景的亮度和色彩，适当的灯光布局可以提升视频的质量和观感。常见的灯光类型有柔光灯、硬光灯、环形灯等。

其他配件：根据需要，还可以配备滤镜、闪光灯、遥控器等配件，来满足不同的拍摄需求。

需要注意的是，以上器材并不是每个短视频制作都必须用到，具体选择要根据预算、需求和实际情况来决定。

本项目我们来了解各类器材的使用。

## 项目导引

学习目标

1.掌握常见拍摄器材手机、相机的参数及使用技巧。

2.掌握常见辅助工具的认识与使用技巧。

训练项目

1.拍摄实训、稳定器训练。

2.设备组合训练。

## 项目思维导图

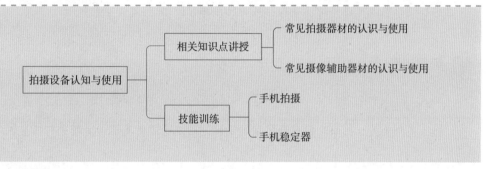

## 建议学时

12 学时。

 情境导入

### 许小飞的拍摄梦

场景：许小飞的卧室、学校、街头、影棚

人物：许小飞、沈小美（许小飞的朋友）

时间：现代

剧本梗概：

场景 1：

许小飞过年的时候，看了《流浪地球 2》，内心充满了激动和憧憬。他的心中充满了对于拍摄优秀视频的渴望，想着自己也要尝试拍摄一部短视频。在研究了一段时间之后，他开始了自己的短视频拍摄之路。

场景2:

许小飞在学校里发现了许多有趣的场景和素材。但他拿出手机进行拍摄的效果却不尽如人意。看着自己拍摄的糟糕视频,他有些灰心丧气。这时,他的朋友沈小美来到了他的身边,看到许小飞的失落,主动提出要帮助他拍摄视频。

场景3:

沈小美借来了专业的拍摄设备,帮着许小飞拍摄出了一些精彩的片段。许小飞非常感激沈小美的帮助,同时也对摄像的各种器材设备产生了浓厚的兴趣。

场景4:

许小飞来到了专业的影棚,看到了电影的拍摄和制作过程。在看到导演和制作人员的工作场景后,他对拍摄这件事更感兴趣了。

感兴趣的同学可以将情境导入拓展为拍摄练习使用。

 **项目主题**

《一里风光》

世上不缺乏美,但缺乏驻足、停留与发现,请以身边的美景为主题进行项目训练。

# 任务 3-1　常见拍摄器材的认识与使用

 **建议学时**

8 学时。

 **任务目标**

知识目标

1.了解光线、曝光、快门、光圈、感光度等基本概念,以及如何使用相机进行基本设置和操作。

2.了解如何运用不同的摄影技巧来拍摄出不同的效果,如长曝光、快门捕捉、景深调节等。

技能目标

1.能够拍摄稳定流畅的镜头,提升拍摄的质量和观感。

2.能够熟练掌握不同镜头的特点和使用方法,能够根据需要选择合适的镜头拍摄。

3. 具备创意能力，培养独特的创意思维和敏锐的观察力，能够捕捉到平凡生活中的美好瞬间，通过自己的独特视角和创意构思，创作出富有创意的片段。

思政目标

1. 通过介绍国产拍摄器材的发展历程和成就，激发学生的民族自豪感和爱国情怀。

2. 通过介绍行业规范、操作流程和注意事项等内容，引导学生养成良好的职业习惯和工作态度。

 基础知识

## 一、摄像设备的基本参数

视频 3-1

光圈、快门、感光度之间的关系

焦距（focal length）：是指镜头到焦平面的距离，通常用毫米（mm）作为单位来表示。焦距越长，拍摄的画面视角越窄，可以捕捉到更远处的细节；焦距越短，视角越宽，可以捕捉到更多的场景。

光圈（aperture）：是指镜头中的光阑（aperture diaphragm）的大小，通常用 $F$ 值表示。$F$ 值越小，光圈越大，可以获得更多的光线，适合拍摄暗场景；$F$ 值越大，光圈越小，可以获得更大的景深，适合拍摄大场景。

不同光圈下对景深影响的实拍效果如图 3-2 至图 3-9 所示。

图 3-2　F1.4

图 3-3　F2.0

快门速度（shutter speed）：是指快门开启的时间，通常用秒（s）作为单位来表示。快门速度快，可以冻结更快的动作，但需要更多的光线；快门速度慢，可以捕捉到更多的光线，但会有运动模糊。

ISO 感光度（ISO sensitivity）：是指相机感光元件 [CCD（电荷耦合器件）或 CMOS（互补金属氧化物半导体）] 的灵敏度，通常用 ISO 数值表示。ISO 数值大，可以在较暗的环境中拍摄出明亮的画面，但会出现噪点；ISO 数值小，画面质量好，但需要更多的

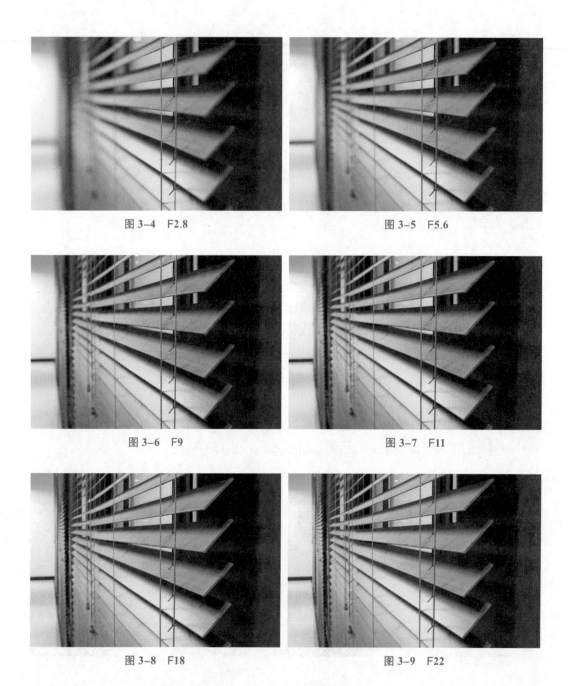

图 3-4　F2.8　　　　　　　　　　图 3-5　F5.6

图 3-6　F9　　　　　　　　　　　图 3-7　F11

图 3-8　F18　　　　　　　　　　图 3-9　F22

光线。ISO 实拍效果如图 3-10 所示。

　　光圈、快门、感光度之间的关系如图 3-11 所示。

　　白平衡（white balance）：是指调整相机拍摄时的色温（color temperature），以使白色物体在照片中呈现出真实的颜色，通常可以选择自动白平衡或手动调整。

　　对焦（focus）：是指镜头的对焦距离，可以手动或自动对焦。对焦点的位置可以影响拍摄的焦深和清晰度。

图 3-10　ISO 实拍效果

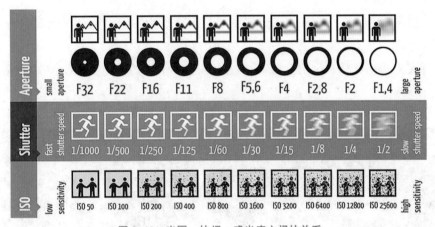

图 3-11　光圈、快门、感光度之间的关系

影像格式（image format）：是指拍摄的照片的文件格式，包括 .JPEG、.RAW 等。.JPEG 是一种有损压缩的格式，可以节省存储空间，但会损失一定的画质；.RAW 是一种无损格式，可以保留更多的细节和颜色，但需要更大的存储空间。

## 二、常见镜头及其特点

镜头种类有很多，下面列举一些主要的种类及其特点。

（1）标准镜头（standard lens）。焦距长度与其所用的成像材料画幅对角线长度大致相等的镜头，通常在 35 毫米全画幅相机上的焦距为 50 毫米左右。标准镜头的视角与人眼类似，适合拍摄日常生活中的人物、建筑、风景等，画面清晰、无畸变，是入门级摄影爱好者的首选。

（2）广角镜头（wide-angle lens）。一种焦距较短、视角较广的镜

视频 3-2

镜头的分类

头，适合拍摄较小的场景或需要更大的景深的场景。广角镜头的优点是可以捕捉更多的画面，但也容易出现畸变和失真。

（3）望远镜头（telephoto lens）。一种焦距较长、视角较窄的镜头，适合拍摄远处的景物或需要大光圈和小景深的场景。望远镜头的优点是可以捕捉到远处的细节，但也比较笨重，需要较高的成本和技术水平。

（4）变焦镜头（zoom lens）。一种可以调整焦距的镜头，可以在不改变拍摄位置的情况下放大或缩小画面。变焦镜头的优点是方便实用，但在成像质量、光圈和价格方面可能不如定焦镜头。

（5）定焦镜头（prime lens）。一种焦距固定的镜头，通常比变焦镜头拥有更好的成像质量、大光圈和更小的体积。定焦镜头的优点是画面质量更好、光圈更大，但要根据需要更换不同焦距的镜头。

（6）微距镜头（macro lens）。一种适用于拍摄极小物体的镜头，通常具有高放大倍率和浅景深的特点，能够捕捉到非常微小的细节。微距镜头的优点是能够拍摄出极其接近真实大小的物体，但需要较高的技术水平和细致的操作。微距镜头拍摄画面如图 3-12 所示。

图 3-12 微距镜头拍摄画面

（7）鱼眼镜头（fisheye lens）。一种具有超广角度的特殊镜头，通常具有 180 度或更大的视角，能够呈现出圆形或弧形的图像。鱼眼镜头的优点是可以创造出独特的视觉效果，但也容易出现畸变和失真。鱼眼镜头拍摄画面如图 3-13 所示。

图 3-13　鱼眼镜头拍摄画面

（8）移轴镜头（tilt-shift lens）。一种具有特殊镜头机构的镜头，能够通过调整镜头的倾斜角度和移位距离来实现调整景深与透视的效果。移轴镜头的优点是能够创造出特殊的景深和透视效果，但需要较高的技术水平和细致的操作。

（9）镜头附件（lens accessory）。包括滤镜、遮光罩、镜头保护镜等，用于增强镜头的成像效果或保护镜头。滤镜可用于控制光线、色彩和反射等效果，遮光罩可用于减少镜头光晕和反射，镜头保护镜则可用于保护镜头的表面免受刮擦和污垢的损害。

总之，不同种类的镜头具有不同的特点和应用场景，可以根据自己的需要和实际拍摄情况选择合适的镜头。

视频 3-3

镜头的分类 2

小贴士

《《《《《《《　《

佳能镜头上参数的意思（图 3-14、图 3-15）

EF：代表这个镜头是 EF 卡口的版本的镜头，如果没有后缀就是特指全画幅（后缀有 EF-S、EF-M）。

ZOOM：指这个镜头是一个变焦镜头，没有这个标识的通常是定焦镜头（85mm 与 70-300mm：单一数字代表全焦段恒定光圈、数字区间代表浮动光圈镜头）。

| EF | 85mm | f/1.2 | L II USM |
| EF | 70-300mm | f/4.5-5.6 | DO IS USM |

图 3-14  镜头上的参数（1） 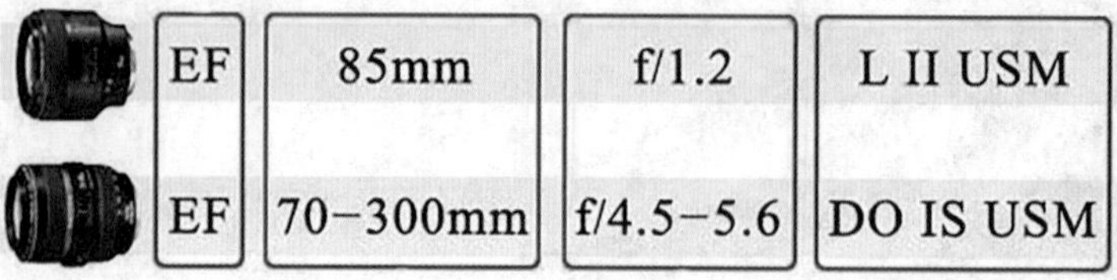　　　　图 3-15  镜头上的参数（2）

marco：微距镜头。

TS-E：移轴镜头。

f/1.2 与 f/4.5-5.6：代表光圈。

IS：代表防抖。

USM：超声波马达，通常对焦速度会更快。

STM：步进马达，适合视频拍摄使用。

L：luxury（奢侈，华贵的意思）的缩写，佳能高档专业镜头的标志，通常这类镜头的前端都有红色装饰圈。

DO：多层衍射光学镜片，这类镜片的优势在于能够兼顾小型化和高画质，主要用在远摄镜头上，通常会在镜头前端有一圈绿色的装饰圈。

Ⅱ：代表这个镜头是第二代。

## 三、几种不同镜头的拍摄效果

（1）广角拍摄。其摄像头可视角度在 120 度以上。广角拍摄适用于视角范围大的取景，可以涵盖大范围景物。所谓视角范围大，即在同一视点（与被摄物的距离保持不变）用广角、标准和远摄三种不同焦距的摄影镜头取景，结果是前者要比后者在上、下、左、右拍摄到更多的景物。摄影者在没有退路的情况下，若用 50 毫米标准镜头难以完整拍下景物（如人物集体留影等），就可利用广角镜头视角范围大的特征轻而易举地解决问题。

此外，使用广角拍摄时能强调前景和突出远近对比。这是广角镜头的另一个重要性能。所谓强调前景和突出远近对比，是指广角镜头比其他镜头更加强调近大远小的对比度。也就是说，用广角镜头拍出来的照片，近的东西更大，远的东西更小，从而让人感到拉开了距离，在纵深方向上产生强烈的透视效果。特别是用焦距很小的超广角镜头拍摄，近大远小的效果尤为显著。

广角拍摄还可以达到夸张变形的效果。用广角镜头将被摄体做适度的变形，把一些非常不起眼、人们熟视无睹的景物拍得不同寻常。用广角镜头进行夸张、变形的表现手法，一要根据题材的需要，二要少而精。不管题材是否需要，滥用广角镜头夸张、变形的表现手法，一味从形式上追求怪诞离奇的效果是不足取的。

（2）微距拍摄。微距镜头在拍摄时可以根据具体情况进行等比例缩放，并且微距镜头还可以用来对产品质量进行检拍和测试。微距镜头的拍摄让我们觉得是在和物体拉近距离，但实质上在拍摄时镜头的作用是将物体放大了，使拍摄者能够观察拍摄中细微的物质。另外，在使用微距镜头时，环境的影响也是尤为重要的。

除了镜头的对焦情况以外，微距镜头还可以当作普通镜头使用，并且可以进行无限远的合焦。另外有些专业的微距镜头无限远也无法进行合焦，但是一定会具有更大的放大倍数。微距镜头和普通镜头在拍摄中除了拍摄物体的像素有所区别以外，拍摄图像的外围环境像素也会有极大的差别。总而言之，微距镜头对于微小物体的拍摄效果好于普通镜头。毕竟微距镜头在设计上也比较注重近距离的对焦成像，而普通镜头却没有相关的设计。

微距镜头和普通镜头的区别，其实从微距镜头的概述中就可以了解一些。首先，微距镜头可以将拍摄物体按照比例放大进行拍摄，并且拍摄的图片依然清楚，但是普通镜头将拍摄物体放大以后得到的都是模糊不清的图片。一般情况下，微距镜头可以在对焦距离上做到 1：4 的比例，但是普通镜头最好能做到 1：1 的比例。

视频 3-4

镜头器材的用法（上）.
1080p.x264.aac

（3）变焦。变焦是相对于定焦来说的。定焦镜头和变焦镜头是相机中常用的两种镜头。定焦镜头是指镜头只有一个固定焦段，没有变焦功能。定焦镜头的设计简单，对焦速度快，成像质量稳定。常见的定焦镜头焦段有 24 毫米、35 毫米、50 毫米、85 毫米等。变焦镜头是指镜头可以在一定范围内变换焦段。在不改变拍摄距离的情况下，变焦镜头可以通过变动焦距来改变拍摄范围。一个变焦镜头充当若干个定焦镜头使用，相对方便。常见的变焦镜头有 11～24 毫米、14～24 毫米、16～35 毫米等。

一般来说，光学变焦优于数码变焦。两者的区别在于光学变焦涉及物理相机镜头的移动，通过加大焦距来改变图像主体的明显接近度。要放大时，镜头会远离图像传感器，场景会放大。数码变焦则是将图片放大，然后再进行裁剪处理，但这样会显著降低图片质量。

并非所有变焦镜头都具有相同的放大倍率。选择变焦镜头时，需要考虑两个主要参数。

（1）焦距。焦距与被摄体的表观接近度有关，并以毫米为单位进行测量。焦距光谱的两端是长焦镜头和广角镜头。焦距为 60 毫米或更长的镜头称为长焦镜头。焦距越长，视角越窄，镜头的放大倍率越高。长焦是在拍摄远处（如野生动物）时想要使用的镜头类型。广角镜头（35 毫米及以下）的焦距较小，在拍摄风景时很受欢迎。当使用光学变焦镜头进行放大时，将从镜头的广角端到远摄端。

（2）缩放比例。可以放大或缩小的距离取决于最大焦距和最小焦距。这两种长度的比率称为变焦比，这是一个紧凑型相机宣传时经常会使用的数字，表示为数字和字母 X。具有非常高变焦比的镜头有时被称为超级变焦镜头，如图 3-16 所示。

大变焦比并不一定意味着可以拍摄极端的特写照片，因为变焦比更多的是衡量镜头多功能性的指标，而不是其放大能力。

图 3-16　超级变焦镜头

## 四、相机、摄像机和手机的区别

在摄像器材中，相机是最基本的设备之一。目前市场上的相机类型包括单反相机、中画幅相机和无反相机。

单反相机是最常用的一种相机，因为它们可以提供更高质量的图像和更好的拍摄体验。它们通常具有可更换镜头、更快的对焦速度和更大的传感器尺寸，这使它们能够捕捉更多的细节和更广泛的色域。

视频 3-5

镜头器材的用法（下）

中画幅相机是一种比单反相机更高端的设备。它们具有更大的传感器和更高的像素密度，可以提供更高的图像质量。但是，这些相机也更加昂贵，适合那些有着高端需求的摄影师。

无反相机是一种较新的相机，相比单反相机和中画幅相机，它们更轻便、更小巧。这使得它们在旅游和户外摄影中非常受欢迎。它们也具有更快的对焦速度和连拍速度，适合拍摄高速运动和动态场景。

摄像机是最基本的摄像器材之一。其包括便携式摄像机、手持摄像机、专业摄像机等多种类型。便携式摄像机通常适用于简单的家庭视频制作，而专业摄像机则更适合电影、电视和商业制作。在选择摄像机时，需要考虑到摄像机的传感器大小、分辨率、镜头系统、手动控制和适应性等因素。

用手机、相机、摄像机拍摄视频的区别主要包括以下几个方面。

（1）拍摄质量。相机和摄像机相对于手机拥有更高的拍摄质量。相机拥有更高的像素、更广的色彩范围和更好的成像质量，而摄像机则拥有更好的动态范围和更低的噪点。相比之下，手机的拍摄质量在近年来得到了极大的提升，但是仍然难以和相机、摄像机相比。

（2）操作性。手机拍摄视频非常方便，用户可以直接用手机拍摄、编辑和分享视频，而相机和摄像机则需要更多的设置与操作。相机和摄像机拥有更多的手动设置选项，可以通过镜头、光圈、快门速度等来控制拍摄效果，但需要更多的专业知识和操作技能。

（3）镜头。相机和摄像机的镜头相对于手机拍摄的镜头更加专业，可以实现更广角、更长焦距的拍摄，而且可以更好地控制景深、对焦等参数。此外，相机和摄像机的镜头通常可以更换，用户可以根据需要更换不同类型的镜头。

（4）功能。相机和摄像机拥有更多的拍摄功能，如防抖、高速连拍、快门优先、手动调焦等，而且支持更多的文件格式和分辨率。手机拍摄视频也逐渐增加了一些专业功能，但是相比之下仍然相对简单。

（5）价格。手机拍摄视频的成本相对较低，用户只需要购买一部手机即可满足拍摄视频的需求。而相机和摄像机的价格则相对较高，用户需要购买专业的设备，成本较高。

小贴士

**<<<<<<< <**

**为什么很多人会选择用手机拍摄**

（1）拍摄方便。随身携带，随时拍摄，随时抓拍。

（2）成本低廉。相较于专业设备，即使是数千元的手机，仍然是成本较低的选择。

（3）操作便捷。手机的人机交互较为智能、拍摄门槛较低。

（4）效果较好。随着手机性能的提升，拍摄效果可以满足网络平台的商业级传播使用的需求。

（5）编辑快捷。随着手机性能的提升，适用于手机的非线性编辑 App 种类多，操作便捷。

**> >>>>>>>**

摄像是一项极具技巧性的工作，拍摄器材则是成功捕捉图像的重要组成部分。无论是专业摄影师还是爱好者，了解和使用满足自己需求的器材，对于提升拍摄质量和效果都非常重要。

在选择摄影器材时，首先需要考虑的是相机本身。在市场上有许多不同品牌和型号的相机可供选择，包括单反相机、微单相机和便携式相机。单反相机通常拥有更高的像素和更好的成像质量，适合需要高分辨率图像的摄影任务。微单相机更小巧轻便，适合需要更方便携带的摄影任务。便携式相机则可以更加方便地随身携带，但通常拥有较低的像素和成像质量。

除了相机本身，镜头也是重要的选择因素。不同的镜头适合不同的拍摄任务，如广角镜头适合拍摄景观、建筑物和大型活动，而长焦镜头则适合拍摄远处的主题或进行肖像摄影。另外，还有一些特殊的镜头，如鱼眼镜头、微距镜头等，可用于特殊的拍摄任务。

除了相机和镜头，还有其他一些器材可以帮助提高拍摄质量和效果。例如，三脚架可以提供稳定的拍摄平台，特别是在需要长时间曝光的情况下。闪光灯可以提供额外的光源，帮助在低光环境下进行拍摄。滤镜可以调整光线、颜色和对比度等参数，以实现更好的拍摄效果。

除了选择适合自己需求的器材之外，使用这些器材的正确方法也非常重要。例如，在使用三脚架时，需要确保其稳定并正确设置高度和角度。在使用闪光灯时，需要考虑光源的强度和方向，以避免出现过度曝光或阴影。在使用滤镜时，需要了解不同类型的滤镜并选择适合自己的滤镜，以达到想要的拍摄效果。

最后，需要注意的是，器材只是成功拍摄的一部分。拍摄技巧、创意和后期处理等对作品更为重要。

 **即测即练**

 **实训项目**

利用手机拍摄 8 组镜头，含远、近、中、特各两组。

步骤 1：设置拍摄短视频的手机参数。

在正式拍摄前，摄影师都会首先设置拍摄设备的性能参数，对手机的参数进行调整，包括设置画幅和主题色彩，并打开网格线。

步骤 2：按要求拍摄视频。

（1）60 帧每秒。

（2）准确反映主题特征。

（3）MOV 或 MP4 格式。

（4）构思新颖独特、表现形式完美。

（5）构图完整、稳定，主体突出。

（6）光线造型效果明显。

（7）不少于 1 分钟。

**技能训练表**

手机拍摄技能训练表见表 3-1。

表 3-1　手机拍摄技能训练表

| 学生姓名 | | 学　号 | | 所属班级 | |
|---|---|---|---|---|---|
| 课程名称 | | | 实训地点 | | |
| 实训项目名称 | 手机拍摄 | | 实训时间 | | |
| 实训目的：<br>手机拍摄训练。 | | | | | |
| 实训要求：<br>1.拍摄镜头。<br>2.符合参数要求。 | | | | | |
| 实训过程： | | | | | |
| 实训体会与总结： | | | | | |
| 成绩评定 | | | 指导老师<br>签名 | | |

**经验分享**

在实际拍摄中，合理地运用光圈可以控制景深，达到不同的拍摄效果。以下是一些使用光圈的技巧。

控制景深：光圈大小对景深有很大影响，通常在拍摄需要突出主体的照片或视频中，需要通过调整光圈大小来控制景深，让主体清晰突出。

调整曝光：光圈大小会影响相机的曝光，如果光线过强或过弱，可以通过调整光圈大小来控制曝光。

创建特殊效果：通过调整光圈大小可以创造一些特殊的效果，如在夜景拍摄中，可以适当调大光圈，让光线更加明亮、照片更具艺术感。

确定最佳光圈：在实际拍摄中，要根据拍摄场景和需要调整最佳光圈，如在需要大景深的情况下，可以将光圈调小一些，保证整个画面都清晰可见。

# 任务 3-2　常见摄像辅助器材的认识与使用

 **建议学时**

4 学时。

 **任务目标**

知识目标

1. 了解摄像辅助器材基本概念，以及基本设置和操作。

2. 了解如何运用不同的摄影辅助器材来拍摄出不同的效果。

技能目标

1. 能够拍摄稳定流畅的镜头，提升拍摄的质量和观感。

2. 能够根据不同镜头的需求，熟练选择合适的摄像辅助拍摄器材。

思政目标

1. 培养学生的团队协作精神和创新意识，鼓励他们在学习和实践中相互合作、共同进步。

2. 提升学生的责任感和职业素养，让他们意识到作为摄影师应该具备的职业道德和操守。

视频 3-6
相机的对焦模式

3. 在摄影实践中遵守法律法规，尊重他人的知识产权和隐私权，树立良好的个人形象和行业形象。

 **基础知识**

摄像辅助器材是电影、电视、视频和数字媒体制作中不可或缺的工具。了解和熟练使用摄像辅助器材是每个摄影师、制片人、导演和视频制作者的必备技能。在本任务中，我们将介绍摄像辅助器材的不同类型和如何使用它们来创造高质量的影像。

## 一、支架、稳定器和云台

支架是支撑摄像机的重要器材，包括三脚架、单脚架、稳定器和吊架等类型。在选择支架时，需要考虑到支架的稳定性、可调性、质量和重量等因素。三脚架如图 3-17 所示。

稳定器的工作原理是，通过机械或电子手段来抵消或减少拍摄时相机或手机的晃动和抖动，从而获得稳定、流畅的拍摄画面（图 3-18）。常见的稳定器有手持稳定器和背负式稳定器等。

图 3-17　三脚架

图 3-18　手机稳定器

手持稳定器通常由手柄和摄像机支架组成，摄像机支架通过机械结构与手柄相连，可以抵消手持摄像机时产生的晃动，如图 3-19 所示。而背负式稳定器则将摄像机安装在支架上，通过背带、腰带等固定在身体上，使得摄像机在拍摄时更加平稳。

稳定器用于实现某些拍摄效果或保证画面的稳定性。

图 3-19　手持稳定器

传统稳定器：传统的手持稳定器通常由一个主柄和一个相机支架组成，通过调节支架的平衡来实现稳定效果。其主要用于拍摄短视频和广告等需要较高画质的视频。

电子稳定器：电子稳定器通过内置的陀螺仪等传感器来实现抖动和震动的补偿，与传统稳定器相比更加轻便，适用于户外拍摄和运动摄影等领域。

三轴稳定器：三轴稳定器包括电子稳定器和机械稳定器两种，通过内置的控制器和陀螺仪等传感器，以及运动补偿和机械结构来实现更加稳定的画面效果，适用于专业电影、电视剧等摄制领域。

云台是一种通过机械结构实现三轴稳定的拍摄设备，可以在使用摄像机或手机拍摄时获得更加平稳和流畅的画面。云台通常由底盘、电机、控制器等组成，通过电机控制底盘的三个轴向运动来实现稳定拍摄。

云台可以帮助摄像机或手机在移动或拍摄时获得平稳的画面效果，特别是在需要进行大范围运动或变换拍摄角度时，云台可以帮助摄影师实现更为复杂和流畅的拍摄效果。同时，一些高端的云台还可以通过遥控器或App进行远程控制，便于摄影师在拍摄时实现更加灵活和自由的控制。

## 二、灯光组

拍摄用的灯光有很多种类，以下是一些常见的灯光类型。

（1）红头灯。也叫小太阳灯，是一种明亮的硬光源，适用于需要强烈光照的场景，如拍摄户外、阳光明媚的场景等。

（2）软灯。一种柔和的光源，常用于拍摄人像或需要柔和效果的场景，如室内拍摄或需要创造氛围的场景。

（3）LED（发光二极管）灯。具有节能、长寿命、小巧轻便等优点，是拍摄中常用的光源之一。

（4）手电筒灯。小巧轻便，方便随身携带，可用于特殊光影的创造。

（5）背景灯。用于烘托拍摄场景背景，营造氛围或补充拍摄主体的光线。

（6）补光灯。用于补充或强化主体的光线，使其更加明亮。

（7）美容灯。用于拍摄人像，通过柔和、均匀的光线调整肤色，起到美容的效果。

（8）影棚灯。是一种适用于大规模拍摄的光源，如电影、电视剧等。

此外还有反光板等。这些灯光都有各自的特点和用途，根据不同的拍摄需求和场景，可以选择不同的灯光。

射灯如图3-20所示，一种灯光环境的搭建示意图如图3-21所示。

图3-20 射灯　　　　　　　　　图3-21 一种灯光环境的搭建示意图

### 三、采音设备

麦克风是将声音转化为电信号的设备，通常分为动圈麦克风、电容麦克风、半导体麦克风等多种类型。不同类型的麦克风适用于不同的场合和录音需求。比如，动圈麦克风适用于野外录音和现场表演等场合，而电容麦克风则适用于专业音乐录制和广播电视等场合。

录音机是一种可以录制声音的设备，通过内置或外接麦克风（图3-22）记录声音，并将声音信号存储到磁带、光盘或数字储存介质中。录音机通常包括便携式录音机、多功能数字录音机等多种类型，可以根据不同的需求选择适合自己的录音机。

图 3-22　外接麦克风

在摄像时外接麦克风可以提高摄像机的音频质量，使得录制的视频更加生动和真实。

摄像辅助器材是摄影师创作的重要工具之一。在选择摄像辅助器材时，需要根据拍摄需求、预算、质量和个人喜好等因素综合考虑。在使用摄像辅助器材时，需要掌握基本知识，结合拍摄需求和个人喜好来运用不同的技巧。只有不断地实践和学习，才能拍摄出更加出色的照片和视频，展现出自己的独特视角和创造力。

 实训项目

手持稳定器是一种专业的摄影和摄像设备，主要用于减少或消除拍摄中相机的抖动和震动，从而获得更加平稳、清晰的画面。下面介绍手持稳定器的使用技巧。

（1）调整稳定器平衡。在使用传统稳定器时，需要调整支架的平衡，让相机平稳地悬挂在稳定器上，从而达到稳定效果。在使用电子稳定器时，需要注意使用时候相机的重心位置。

（2）控制移动速度。在拍摄运动物体或人物时，需要控制稳定器的移动速度，避免画面晃动或抖动，同时还要注意移动方向和距离，保持画面稳定。

（3）姿势正确。使用手持稳定器时，需要保持正确的姿势，将肘部和身体紧贴，稳定相机，避免手部晃动。

 **技能训练表**

手机稳定器技能训练表见表 3-2。

表 3-2　手机稳定器技能训练表

| 学生姓名 | | 学　　号 | | 所属班级 | |
|---|---|---|---|---|---|
| 课程名称 | | | 实训地点 | | |
| 实训项目名 | | 手机稳定器 | 实训时间 | | |
| 训练目的 | | 熟练使用手机稳定器拍摄素材 | | | |
| 技能达标 | | | | | |
| 技能点 | 完成□未完成□ | 技能点 | 完成□未完成□ | 技能点 | 完成□未完成□ |
| 安装训练 | | | | | |
| 拆装稳定器 | | 连接手机 | | 连接 App | |
| 使用训练 | | | | | |
| 跟拍训练 | | 环绕训练 | | 升降训练 | |
| 进阶挑战 | | | | | |
| 转场镜头拍摄训练，拍摄 3 ~ 5 组转场镜头 | | | | | |
| 实训报告 | | 分条列出使用心得、技巧、小经验、自己发现的难点不足等。 | | | |

## 经验分享

如何选择合适的设备来提升技能和拍摄效果，在选择摄像器材时，需要考虑以下因素。

拍摄需求：不同的摄影师和拍摄场景需要不同的器材。例如，拍摄高速运动场景的摄影师需要更快的连拍速度和对焦速度。

预算：摄像器材价格从几百元到几万元不等。在选择器材时需要考虑自己的预算。

质量：器材的质量决定图像和视频的质量。一般来说，价格更高的器材拍摄出来的图像和视频质量更好。

个人喜好：不同的摄影师有不同的喜好，如喜欢拍摄黑白照片或者喜欢使用定焦镜头等。在选择器材时也需要考虑个人喜好和拍摄风格。

选择合适的摄像器材需要考虑多个因素。摄影师应该根据自己的需求和预算来选择合适的器材，以达到最好的拍摄效果。

拥有好的摄像器材只是成功的一部分，如何使用器材同样重要。以下是一些使用摄像器材的技巧。

掌握基本知识：在使用器材之前，摄影师需要了解器材的基本操作和设置。例如，了解相机的快门速度、光圈和 ISO 等参数，以及镜头的焦距和光圈等参数。

照明：光线是摄影中至关重要的因素。在拍摄时，摄影师应该注意光线的方向、强度和颜色等。使用灯光和反射板可以帮助控制光线的方向与强度。

拍摄角度：不同的拍摄角度可以产生不同的效果。例如，低角度拍摄可以使被拍摄物体显得更高大、威严，而高角度拍摄则可以使被拍摄物体显得更加温柔、亲近。

焦距和景深：焦距和景深决定照片的主体是否清晰。使用不同的焦距和光圈可以产生不同的景深效果。

合理运用附属设备：使用三脚架可以避免拍摄时手抖造成的模糊图像。使用滤镜和闪光灯可以改变光线的颜色与强度，以达到不同的效果。使用外接麦克风可以提高摄像机的音频质量。

总之，使用摄像器材需要掌握基本知识，并结合拍摄需求和个人喜好来运用不同的技巧。只有在不断实践中积累经验，才能拍摄出更加出色的视频。

视频 3-7

摄像机、照相机、手机
简介 .1080p.x264.aac

视频 3-8

辅助器材介绍

# 项目 4
# 拍摄现场

《安昌古镇》

## 导语

**短视频拍摄现场要做什么**

完成短视频制作的前期准备工作后，拍摄是将思维具象化的关键。本项目将重点介绍如何进行选景、布置场地、实践拍摄，让大家学会如何通过拍摄获得视频素材。

## 项目导引

**学习目标**

1. 学习如何根据剧本完成布景。

2. 了解和掌握如何根据现场光源条件进行布光与补光。

3. 掌握拍摄技巧，学习按剧本拍摄镜头。

4. 学会科学规范地记录场记。

**训练项目**

1. 选景训练。

2. 布光训练。

3. 拍摄训练。

## 项目思维导图

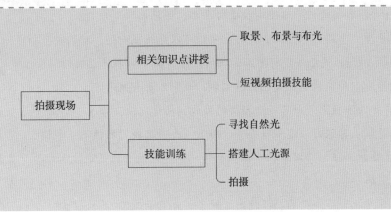

## 建议学时

12 学时。

**情境导入**

拍摄短视频的过程

导演：许小飞

演员：沈小美

摄影师：寿小琴

场记：刘小刚

拍摄现场

[导演许小飞站在拍摄现场，沈小美走进场地]

导演：大家好，今天我们将拍摄的是《校园风光》的第二幕。沈小美，你准备好了吗？

沈小美：准备好了，导演。

导演：好的，摄影师寿小琴，你们准备好了吗？

摄影师：准备好了，导演。

导演：那我们就开始吧。

[沈小美进入拍摄区，场记刘小刚开始记录拍摄进度和细节]

导演：好，沈小美，你先站在这里，等待指示。

[导演指示沈小美进行不同的动作和表演，摄影师和场记分别记录拍摄的镜头和细节]

导演：好，这个镜头拍摄完毕，我们来看看效果。

[导演和摄影师一起观看拍摄的画面，场记记录下来]

导演：不错，但是沈小美的表演还可以更细腻一些，我们再来拍摄一遍。

[导演指示沈小美进行更加精细的表演，摄影师和场记继续记录拍摄的镜头和细节]

导演：好，这个镜头也拍摄完毕，我们来看看效果。

[导演和摄影师一起观看拍摄的画面，场记记录下来]

导演：非常好，这个镜头可以用了。接下来我们拍摄下一个镜头。

[导演和摄影师继续指示拍摄，场记继续记录拍摄的进度和细节，直到所有的镜头拍摄完毕]

导演：好，今天的拍摄就到这里了。大家辛苦了。

[导演和演员握手，摄影师和场记整理器材，场地逐渐恢复平静]

场记：今天的拍摄进度非常顺利，导演和摄影师都做得很好。

摄影师：是的，这个角色和场景非常适合沈小美，她的表演非常出色。

导演：是的，沈小美的表演非常精彩，也感谢场记和摄影师的记录和配合，让我们的拍摄变得更加顺利和高效。

场记：作为场记，我觉得我的工作也很重要，每一次拍摄都需要记录下来，保证每一个镜头的连续性和细节。

导演：是的，每一个人的工作都是很重要的，只有我们团队紧密配合，才能完成这样一部优秀的作品。

导演：对于一部作品来说，场记和摄影师的作用同样非常重要。场记要记录拍摄的进度和细节，以便导演和制片方在后期制作时进行剪辑与合成，确保最终的成品达到预期的效果。而摄影师则要负责拍摄的画面效果，包括摄像机的角度、灯光的调整、画面的对焦等。这些细节对于作品的整体效果非常关键。

场记：确实如此，场记要时刻注意拍摄的进度和细节，确保每个镜头都拍摄到位，也要注意演员的表演和动作，以便在后期制作时进行剪辑和合成。

摄影师：是的，摄影师要时刻注意画面效果，包括摄像机的角度、灯光的调整、画面的对焦等。在拍摄过程中要与导演和演员密切配合，确保画面的效果符合导演的要求。

导演：在拍摄作品时，每个人都要尽自己的最大努力，才能让作品达到最佳的效果。我们要时刻关注电影的故事和情节，用心创作出一部精彩的作品，让观众感受到我们的努力和热情。

场记：是的，我们要尽最大的努力为作品的制作作出贡献，让作品达到最佳的效果，让观众们感受到我们的努力和热情。

摄影师：我们要时刻关注画面效果，为短视频的制作作出贡献，让短视频达到最佳的效果，让观众感受到我们的努力和热情。

[导演、场记和摄影师一起离开拍摄现场，带着对短视频制作的热情和信心继续努力奋斗。]

 **项目主题**

《向光而行》
以发现身边的闪光、向光而行等为主题完成训练。

# 任务 4-1  取景、布景与布光

 **建议学时**

8 学时。

任务目标

知识目标

1. 了解不同的摄影取景方法，如平视、俯视、仰视、侧视等。

2. 了解不同光线照射下的画面表现效果，如前光、侧光、逆光等。

3. 了解如何根据场景和题材，选择最佳的取景和布光方式，以达到理想的画面效果。

技能目标

1. 能够根据不同的题材和场景要求，选择最佳的摄影取景方法。

2. 能够合理安排摄像机和光源的位置与角度，以达到理想的画面效果。

3. 能够根据光线照射的方向和强度，调整曝光、色温和白平衡等参数，以达到理想的画面效果。

4. 能够熟练掌握摄影取景和布光的技巧，以快速和高效地完成拍摄任务。

思政目标

1. 通过学习取景、布景与布光的知识和技能，使学生更加深入地了解艺术创作的内涵和技巧，提高自己的审美水平。

2. 通过对不同文化、不同风格的艺术作品的学习和欣赏，拓宽自己的文化视野，提升文化素养。

3. 培养学生的社会责任感、创新能力、团队合作精神、审美能力和文化素养，为其未来的成长和发展奠定坚实的基础。

 基础知识

## 一、短视频的选景

短视频的选景是非常重要的，它直接影响到作品的观感和效果。短视频选景需要注意以下几方面。

视频 4-1

视频拍摄的注意事项

（1）情境和主题。根据短视频的情境和主题，选择与之相符的场景。例如，拍摄一部关于冬季雪景的短视频，应该选择具有冬季气息的场景，如雪山、冰河等。

（2）视觉效果。选取有视觉冲击力的场景可以增强作品的视觉效果。如选择颜色鲜明、构图独特或者有纹理、光影变化的场景。

（3）情感表达。选择有情感色彩的场景可以增强作品的情感表达力。如选择能够体现感动、快乐、悲伤等情感的场景。

（4）节奏和节制。选景时需要考虑到整个短视频的节奏和节制。如选择一些简洁、干净的场景可以使整个作品更加流畅，而过于复杂的场景可能会影响整体的节奏。

（5）天气和光线。天气和光线对于选景来说是非常重要的。例如，阳光充足的日子适合拍摄户外风景，而阴雨天气则适合拍摄室内场景。

（6）场景搭配。选择场景时还需要考虑到不同场景之间的搭配和配合。例如，在室内拍摄，可以根据需要选择与之搭配的摆设和道具，以增强画面的效果。

## 二、选景的技巧

视频 4-2

摄影的构图

总的来说，选景的技巧要根据具体情境和需要灵活应用，同时需要注重画面的整体效果和情感表达，以创造出更具有吸引力和感染力的短视频作品。以下是一些常见的拍摄取景技巧。

（1）确定主体。拍摄前首先要明确拍摄的主体是什么，然后以主体为中心进行构图。

（2）确定构图方式。可以选择适合的构图方式，如对称、不对称、三分法、黄金分割等进行拍摄。

（3）运用留白。合理运用留白，让照片更加简洁明了、突出主体。

（4）注意照片的前景和背景。要注意照片的前景和背景，让照片更有层次感，突出主体。

（5）选择视角。拍摄时可以选择不同的视角，如仰视、俯视、平视、侧视等，选择合适的视角可以让照片更加生动。

（6）运用线条。线条可以引导观众的视线，让照片更加有意思和有动感。

（7）运用对比。运用明暗、颜色、纹理等对比元素，让照片更加鲜明突出。

总的来说，拍摄取景需要根据具体的场景和主体来选择合适的构图方式与视角，同时注意照片的前景和背景，突出主体，运用构图技巧让照片更加生动、有趣、有层次感。

此外，要确保背景干净整洁，避免出现杂乱无章的物品。利用背景来突出主题，如在一个单色背景上放置主题。使用配色方案，使背景和主题之间的颜色相互衬托。利用道具来增强场景的真实感和复杂度。考虑到不同的拍摄角度，如利用特定的角度来突出主题。当拍摄短视频时，布景和布光技巧非常重要，它们可以帮助你创建一个有吸引力的视频，并突出视频的主题。

## 三、摄像灯光

### （一）常见的摄像灯光类型

（1）主灯。通常用于照亮主体物体，提高画面的明度和明暗对比度。

（2）填充灯。用于补充主灯照不到的部分，提高画面的整体明度，让画面更加明亮。

（3）辅助灯。用于照明画面的背景和环境，让画面更加立体和丰富。

（4）特效灯。用于营造不同的氛围和效果，如夜景效果、日出日落效果等。

（5）反光板。用于反射灯光，可以调整画面的光线、阴影和颜色等。

各种摄像光源色温概数比较见表 4-1。

表 4-1　各种摄像光源色温概数比较　　　　　　　　　　K

| 人工光 | 光源色温 | 自然光 | 光源色温 |
|---|---|---|---|
| 蜡烛光 | 1 600 ~ 1 900 | 日出日落 | 1 850 ~ 2 200 |
| 煤油灯 | 2 000 | 日出日落前半小时 | 2 350 ~ 3 100 |
| 普通民用灯泡 | 2 650 ~ 2 800 | 9 时至 15 时 | 5 500 |
| 碘钨灯 | 3 200 | 9 时前与 15 时后 | 5 500 ~ 4 800 |
| 钨丝灯 | 3 200 | 平均日光 | 5 400 |
| 照相强光灯 | 3 400 | 夏季中午直射光 | 5 800 |
| 镝灯 | 5 500 | 秋季中午直射光 | 6 000 ~ 6 500 |
| 万次闪光灯 | 5 000 ~ 6 000 | 蓝天阴影中 | 12 500 |
| 电视屏幕 | 6 500 | 蓝天天空光 | 19 000 ~ 25 000 |
| 白色荧光灯 | 4 800 | 薄云天空光 | 13 000 |
|  |  | 云雾天空光 | 7 500 ~ 8 500 |
|  |  | 阴天天空光 | 6 400 ~ 7 000 |

晴天太阳直射光在 9—15 时之间。阳光中含红、绿、蓝三原色比率基本相等，各占 1/3，因此给人以白色的感觉。钨丝灯、民用灯泡色温较低。其中含红的成分较多，给人以偏红的感觉。荧光灯含蓝绿成分较多，给人感受偏蓝绿。

灯光的色温随电压高低而变化，电压高则色温高，电压低则色温低，表 4-1 为标准电压 220 V 时的概数。电压有 ±2 ~ 3 V 误差时，对表 4-1 参数设置影响不大，也不会被人眼所察觉。

### （二）光源色温对物体色彩再现的影响

我们平常看到各种物体的颜色是在白光下呈现的颜色。这是因为人们基本上是处于白光照明环境下生活。用不同色光照明有色物体，物体的颜色就会发生变化，对这种变化，人眼不太敏感，因为人眼有色觉适应现象，大脑有"自动纠错"作用，但对彩色摄像机却十分敏感。

### （三）阳光是人类判别颜色的标准光源

1. 显色性

显色性指光源的光照射到物体上所产生的客观效果，也指光源能否正确地呈现物体颜色的性能。光源的光谱能量分布决定了光源的显色性。

2. 温度辐射体光源的特点

温度辐射体光源产生的光谱是连续的，即在全部可见光谱范围内都有辐射，光谱分布是连续变化的。这类光源一般能较好地重现物体的固有色彩，其显色性能较好。

3. 非热辐射光源的特点

非热辐射光源发光不以发光材料的高温为基础（如荧光）。它们辐射的是线状或带状的非连续光谱，或既有连续光谱又有线状光谱的混合光谱。当我们在缺少某些波长成分的光源下观察或拍摄物体时，所摄物体的颜色就会发生色变。我们称这些光源的显色性差。

光源的显色性和色温之间没有必然的联系，具有不同光谱功率分布的光源可能有相同的色温，但显色性可能差别很大。

物体的颜色由三方面的因素所决定。

（1）物体本身的属性。这是指物体所具有的吸收、反射及透射不同波长光的能力。

（2）物体的照明条件。这是指照射物体的照明光源所含的光谱成分。

视频 4-3

摄影的光位角度

（3）人眼的视觉功能。

## 四、摄像灯光的架设技巧

（1）常规架设。通常情况下，主灯和填光灯分别放置在物体的两侧，以便照亮物体的正面和侧面。辅助灯则可以放置在物体后方的一定距离，以便照亮画面的背景和环境。

（2）填光灯的设置。填光灯的功效在于提高画面的整体明度，因此需要根据具体的拍摄需求进行调整。如果拍摄的物体在亮度上与周围环境差距较大，则需要将填光灯设置得较高，以提高画面的整体明度。

（3）特效灯的运用。在使用特效灯时，需要根据具体的拍摄需求进行调整，如选择不同的色温、灯光强度和灯光方向等。

（4）利用灯光的明暗对比营造画面效果。通过设置不同强度的灯光来营造明暗对比，可以让画面更加生动和立体。例如，在拍摄室内场景时，可以使用主灯和填光灯来照亮主体物体，然后再使用辅助灯或反光板来补充画面的明暗对比，使画面更加立体。

（5）利用灯光的方向营造画面效果。不同方向的灯光可以营造不同的画面效果。例如，从上方照射的灯光可以营造出高大、威严的感觉，从下方照射的灯光则可以营造出轻盈、柔美的感觉。在拍摄中，可以根据具体的拍摄需求来选择不同的灯光方向。

（6）利用灯光的色温营造画面效果。灯光的色温可以影响画面的整体色彩和氛围。例如，较暖色的灯光可以营造出温馨、舒适的感觉，较冷色的灯光则可以营造出清新、高雅的感觉。在拍摄中，可以根据场景和氛围的要求来选择不同的灯光色温。

（7）利用反光板补充画面效果。在拍摄中，可以使用反光板来补充画面的灯光，让画面更加丰富和立体。

（8）灯光的亮度和均匀度的控制。灯光的亮度和均匀度也是非常重要的因素，可以影响画面的质量和观赏性。灯光的亮度可以通过调整灯光的功率或使用不同的灯泡来调整。灯光的均匀度可以通过调整灯光的位置、使用柔光罩等方式来调整。

（9）摄像灯光的调节和搭配。在实际的拍摄过程中，需要根据拍摄对象、场景和需求来调节与搭配不同的灯光。例如，在拍摄人像时，可以使用主灯和填光灯来照亮人物脸部，使用辅助灯或反光板来补充画面的明暗对比；在拍摄静物时，可以使用主灯和辅助灯来照亮物体，并使用反光板来补充画面的明暗对比。

（10）灯光的节能和安全使用。在使用摄像灯光时，也需要注意节能和安全使用。例如，可以使用节能灯泡或 LED 灯来减少能源消耗；在架设灯光时，需要注意灯具的重量和稳定性，避免灯具倒塌或照射过程中发生危险。

摄像灯光的架设和运用是摄影摄像过程非常重要的一部分，它可以营造出不同的画面效果，提高画面的质量和观赏性。在摄像灯光的运用中，需要根据具体的拍摄需求来选择不同的灯光类型、灯光方向、灯光色温等，同时还需要注意灯光的亮度、均匀度、节能和安全使用等方面。

小贴士

**摄像灯光中常用的一些术语及含义**

前灯（key light）：主要灯光，用于照亮主体物体。填光（fill light）：用于填补前灯的阴影部分，使画面更加均衡。背灯（back light）：用于照亮主体物体的背景，可以突出主体轮廓，产生立体感。灯光比（lighting ratio）：前灯和填光的亮度比例，用于控制画面的阴影和高光部分的对比度。色温：灯光的颜色温度，通常用开尔文（Kelvin）度量，色温越高，表示灯光颜色越蓝，色湿越低，表示灯光颜色越黄。漫反射器（diffuser）：用于将灯光变得柔和的器材，常用的漫反射器有软箱和柔光罩等。反光板（reflector）：用于反射灯光的器材，可以增强灯光的强度和改变灯光的方向。胶片（gel）：用于改变灯光颜色的透明片，通常放置在灯光前面。特效灯（special effect light）：用于营造特殊氛围或效果的灯光，如闪电灯、烟雾灯等。镜头胶片（gobo）：用于在拍摄物体上投影出特定形状或图案的器材，可以产生独特的画面效果。

## 五、布光的基本步骤

当进行短视频拍摄时，正确的布光是至关重要的，它能够影响画面的氛围、主题的表达以及观众的感受。以下是布光的基本步骤。

（1）理解主题和情感。不同的主题和情感需要不同的光线处理方式，因此在布光之前，要对视频的整体氛围有一个明确的理解。

（2）观察环境。仔细观察拍摄环境的光线状况。注意光线的强弱、方向、颜色和质感等因素。判断环境中存在的自然光源和人工光源，并考虑它们对场景的影响。

（3）光源类型。根据拍摄需求，决定使用自然光、人工光还是两者的组合。自然光可以提供自然、柔和的光线效果，而人工光可以更精确地控制光线的强度和方向。

（4）设定主光源。主光源是场景中最主要的光源，它决定了场景的整体亮度和阴影效果。根据主题和情感的需要，选择适当的主光源位置和光线角度。常见的主光源位置包括顶部、侧面或后方。

（5）添加补光源。根据需要，添加补光源来填充主光源造成的阴影，并提高场景的细节展现。补光源可以使用反光板、柔光箱、闪光灯等人工光源，或者利用环境中的自然光进行补光。

（6）控制光线质量。除了光线的强度和方向外，还要考虑光线的质量。柔和的光线能够产生平滑的阴影和柔和的过渡效果，而强烈的光线会产生硬阴影和明显的高光。根据需要，使用柔光箱、反射板或调整光源与被拍摄对象之间的距离来控制光线的质量。

（7）实时观察和调整。在布光过程中，要实时观察拍摄效果，并根据需要进行调整。观察画面的明暗部分、阴影和高光的对比度，以及被拍摄对象的细节展现情况。根据观察结果，微调光源的位置、角度和强度，或者添加／移动补光源，以达到所需的效果。其包括调整光源与被拍摄对象之间的距离、旋转反光板的角度或调整柔光箱的强度等。

（8）考虑背景的光线。除了主体对象的光线之外，还要注意背景的光线状况。背景的光线也会对整体画面的氛围和平衡产生影响。根据需要，可以调整背景的光线状况，如添加背景灯光或调整背景的明暗度，以突出主体并增强层次感。

（9）实践和尝试。布光是一个实践和尝试的过程，没有固定的规则适用于所有情况。在实际拍摄中，应尝试不同的布光方案，观察和记录每个方案的效果。通过实践和经验，你会逐渐发展出对光线的感觉和理解，并更好地应用于不同的拍摄场景。

布光是一个艺术性和技术性相结合的过程，需要不断地实践和探索。通过观察和理解光线的特性、尝试不同的布光方式，并灵活地调整光源的位置和参数，你将创造出适合你短视频的理想光线效果。

## 六、布光法

布光法是指在摄像的过程中，为了获得最佳的图像质量和色彩还原效果，对光线进行合理的调控和布置的方法。以下是一些常用的布光法。

（1）均匀光源布光法。采用均匀光源对整个场景进行光照，能够保证画面的明暗度均匀，但是容易出现画面失真、色彩不真实等问题。

（2）侧光布光法。将光源放置于被摄物体的一侧，使光线斜射入镜头，能够突出被摄物体的轮廓和纹理，增强画面层次感和立体感。

（3）背光布光法。将光源放在被摄物体后面，使光线从背面照射进来，能够使被摄物体周围产生辉光，从而使被摄物体与背景分离，突出被摄物体的形状。

（4）补光布光法。在光线较暗的地方添加光源，能够增加画面的亮度和对比度，同时还可以突出画面的重点。

（5）散射光源布光法。通过散射光源对场景进行照射，能够产生柔和的光线，使画面呈现出柔和、自然的效果，常用于拍摄人物肖像。

除此之外，还有很多其他布光法可以使用，具体应该根据不同的场景和需要进行选择。

 **即测即练**

 **实训项目**

观察校园环境，选取校园一角作为主题进行选景拍摄。要求每位组员拍摄不少于10个镜头。

**训练 1. 寻找自然光**

（1）直射的阳光拍摄（拍摄逆光、顺光）。

（2）散射的"天光"。

（3）环境的反光。

（4）室内自然光。

（5）特殊天气：雪天、阴天、雨天、雾天（有条件的情况下）。

（6）户外大场面光线的拍摄：江、河、湖、海（水面）；沙漠、丘陵、草原等（大面积平面结构）。

（7）日出和日落的拍摄。

（8）景物反差较大条件下的拍摄。

（9）室外夜景拍摄。

**训练 2. 搭建人工光源**

**1. 三点布光**

运用主光、辅助光、轮廓光这三种基本光进行照明布置，能将三维物体的立体感、质感和纵深感的基本造型呈现出来。这种基本布光方法又叫三点布光。

三种光的关系：主光强，辅助光就要弱；主光高，辅助光就要低；主光侧，辅助光就要正。轮廓光可根据主光和辅助光的位置决定其高低、正侧。当轮廓光作为隔离光和美化光时，可以不考虑主光和辅助光的位置关系。光的方位见表4-2。

视频 4-4

用光技巧

表 4-2 光的方位

| 45° 侧逆光 | 逆光 | 45° 侧逆光 |
| --- | --- | --- |
| 侧光 | 被摄体 | 侧光 |
| | 拍摄者 | |
| 45° 侧顺光 | | 45° 侧顺光 |
| | 顺光 | |

**2. 不同景别的人物光线处理**

拍摄过程中，为了便于布光，要先拍全景再拍中景、近景和特写，最后拍反打镜头。在拍外景时，更换地点拍摄，注意镜头画面之间、场景之间光线衔接，具体为：

①主光方向要衔接。主光方向（光位）确定之后，人物在画面中的位置不变时，上下镜头主光方向要衔接。比如谈话，相对而立，分别拍其近景，一人是侧光，另一人必然是侧逆光，而不能两人都是侧光。②人物光和环境光要衔接。人物在同一环境中，全景有闪动的火光照明，在拍摄近景时，应注意保持环境光的特点，也应该有火光效果；雷雨环境下，人物光应该有闪电的光效。③全景、近景、影调要衔接。当由全景变成近景时，摄像时要十分注意影调和色调的衔接，不能差别太大。④人脸亮度要衔接。人物位置不变时，上下镜头人物面部的亮度要保持一致。⑤光比要衔接。主光和副光亮度之比叫光比。夜景光比大些，日景小些。同一环境，同一照明条件，上下镜头光比要衔接。

3. 动态人物照明

摄像机运动时，可用活动灯具移动照明。例如，用摄像机的机头灯或手提灯。摄像机运动布光是摄像中常用的方法，要求灯光师与摄影师密切配合，熟悉摄像内容、路线、方向，确保照明效果前后一致、连续。

例如，固定主光，随着摄像机运动平稳地移动辅助光，移动的辅助光要与移拍的被摄对象的距离保持不变，才能使前后画面的亮度保持一致。为了使被摄对象获得足够的照度，一般以近拍为宜。

训练 3. 类型节目布光训练

1. 新闻类节目

（1）当现场的光线亮度可以满足摄像的要求时，就不必运用人工光。

（2）当光线亮度不能满足摄像技术要求时，顺光照明，正确还原色彩。

平调光照明形态的布置：对象之间的视觉差异以自身的色阶差异加以区分。光源位于摄像机后方（顺光照明），不论是直射光还是散射光，只要光线平行于照明对象，也称平调光照明。

2. 故事片

戏剧光效：用光方法强调人物形象的塑造和环境气氛的渲染，注重用光揭示人物的内心情绪以及抒发作者的情感。其特征如下。

（1）用光的风格化和假定性，可用假定光源。

（2）利用轮廓光，弥补演员脸型的缺陷，美化人物形象。

（3）夸张性用光方法，营造情绪。

3. 纪实类节目

地方特色、旅游风光为主的专题片、纪录片，强调真实性的同时又强调娱乐性和可视性，可以借鉴故事片的用光技巧，强调造型作用和艺术表现作用。

**技能训练表**

寻找自然光技能训练表见表 4-3。

表 4-3　寻找自然光技能训练表

| 学生姓名 | | 学　号 | | 所属班级 | |
|---|---|---|---|---|---|
| 课程名称 | | | 实训地点 | | |
| 实训项目名称 | 寻找自然光 | | 实训时间 | | |
| 实训目的：<br>自然光取景拍摄训练。 | | | | | |
| 实训要求：<br>1. 进行室内自然光线拍摄。<br>2. 进行室外场景拍摄。<br>3. 注意晴天、阴天的不同光线特点。 | | | | | |
| 实训过程： | | | | | |
| 实训体会与总结： | | | | | |
| 成绩评定 | | 指导老师<br>签名 | | | |

搭建人工光源技能训练表见表4-4。

表 4-4  搭建人工光源技能训练表

| 学生姓名 | | 学　号 | | 所属班级 | |
|---|---|---|---|---|---|
| 课程名称 | | | 实训地点 | | |
| 实训项目名称 | 搭建人工光源 | | 实训时间 | | |
| 实训目的：<br>简易摄影光线搭建。 | | | | | |
| 实训要求：<br>1. 搭建主光、副光、补光。<br>2. 在不同光线条件下进行拍摄。 | | | | | |
| 实训过程： | | | | | |
| 实训体会与总结： | | | | | |
| 成绩评定 | | 指导老师<br>签名 | | | |

 经验分享

（1）利用自然光线、光影来营造氛围。

（2）利用灯光来突出主题，如使用柔和的灯光来突出主题的轮廓。

（3）利用背景灯光来增大场景深度。

（4）使用反光板来反射光线，使主题更加明亮。

（5）注意光线的方向和强度，以确保主题受到足够的照明，并且没有过度曝光或过度阴影。

（6）在进行短视频拍摄时，布景和布光技巧是非常重要的。它们可以让你的视频看起来更加专业、更能吸引人们的注意力，并增强视频的吸引力。

# 任务 4-2　短视频拍摄技能

 **建议学时**

4 学时。

 **任务目标**

**知识目标**

1. 了解片场拍摄的基本概念，以及基本操作。

2. 了解如何拍摄符合需要的镜头。

**技能目标**

1. 能拍出符合要求的一系列镜头。

2. 能根据场景需要选择适合的器材镜头进行拍摄。

**思政目标**

1. 在短视频创作过程中，注重弘扬社会主义核心价值观，传递正能量，引导学生形成积极向上的思想观念。

2. 鼓励学生发挥创新精神，敢于尝试新的拍摄手法和表现形式，培养学生的创造力和实践能力，为未来的创新创业打下基础。

3. 短视频拍摄是一项需要多人协作的工作，通过完成此工作，培养学生的团队协作精神和沟通能力，让学生在实践中学会相互尊重、相互支持，共同完成任务，提升团队凝聚力。

**基础知识**

在使用摄像器材之前，需要做好准备工作。这包括：检查器材是否完整，清理镜头和摄像机，准备所需的电源和存储媒体等。调节摄像机设置，以确保拍摄出符合要求的影像。这包括调整摄像机的曝光、白平衡、对焦等。

摄像画面是指通过摄像设备捕捉到的图像或视频。摄像画面可以是静态的，如照片或单张图像，也可以是动态的，如视频或连续的图像序列。摄像画面可以呈现各种不同的主题和风格，如自然景观、人物肖像、活动场景、建筑物、艺术品等。摄像画面的质量受到多个因素的影响，如光线、焦距、曝光、白平衡、对比度等。同时，后期处理和编辑也可以对画面进行调整和处理，如裁剪、调整颜色和对比度、添加特效等。由于摄像技术的不断发展，现代摄像画面质量越来越高，可以提供更为清晰、真实和生动的视觉体验。

## 一、构图法

构图法是指在摄影或摄像中，通过合理的构图手法来达到表达和传递主题、情感、意境等目的的技巧与方法。以下是一些常用的构图法。

（1）三分法。将画面平分成三个区域，将被摄物体放置在其中一个交叉点上，可以使画面更加平衡、稳定和自然。

（2）对称法。将画面对称分割，两侧对称放置同样的被摄物体，能够使画面呈现出一种整齐、对称的美感。

（3）线性构图法。利用线条、对角线等元素来组织画面，能够突出画面的层次感、节奏感和动感。

（4）远近法。利用远近关系来安排画面中的被摄物体，将近的物体放置于画面前方，远的物体放置于画面后方，能够使画面更加立体和深邃。

（5）对角线构图法。利用对角线来划分画面，将被摄物体放置在对角线上，能够使画面呈现出一种动感、流畅的效果。

（6）黄金分割法。将画面分为黄金分割比例的两部分，将被摄物体放置在黄金分割点上，能够使画面更加和谐、美感和自然。

除此之外，还有很多其他构图法可以使用，具体应该根据不同的场景和需要进行选择。

## 二、运镜的概念

运镜是指在影视制作中，通过摄影机的移动、变焦、对焦、光影等手段来控制影像的画面构图、画面内容、画面变化等，以达到表达情感、讲述故事、强化视觉效果的目的。运镜是影视制作中重要的创作手段之一，可以直接影响到影片的节奏感、情感表达和艺术价值。

情绪运镜、节奏运镜、时空运镜、信息链接运镜都是影片拍摄和剪辑中常用的运镜技巧。

（1）情绪运镜。根据场景中人物的情感状态来选择合适的镜头运用，突出角色的情绪变化，增强观众的情感共鸣。例如，当角色感到愉悦时，可以使用欢快、明亮的色调和镜头运动；当角色感到压抑时，可以使用低饱和度、低光度的色调和平静的镜头运动。

（2）节奏运镜。通过镜头的快慢、运动方式和音乐等元素的组合，调整影片的节奏感和节奏变化，使观众产生不同的情绪和感受。例如，可以使用快速的镜头运动和强烈的音乐来展示紧张刺激的场面，或者使用慢镜头和轻柔的音乐来呈现悠闲舒适的氛围。

（3）时空运镜。通过镜头的选择、剪辑和画面布局等方式，将不同时间、不同地点的场景组合在一起，创造出新的时空关系和故事发展。例如，可以通过快速剪辑和镜头运动来展示多个时间点的变化，或者以倒叙、预演等手法来打破时间和空间的限制。

（4）信息链接运镜。通过镜头的衔接和组合，将不同的场景和信息有机地联系起来，强化情节和主题的表达。例如，可以使用画面的对比和呼应来突出主题的对比和呼应，或者通过画面的前后联系来传递隐含信息和暗示。

这些运镜技巧可以帮助导演和编剧更好地表达故事与情感，创造出更具有视觉冲击力和情感共鸣的作品。

## 三、景别的概念

景别是指在拍摄中将整个场景按照不同的远近关系分成多个区域，从而实现拍摄时焦点的不同变化。景别是摄影和拍摄中非常基础与重要的概念，也是表现画面深度和立体感的重要手段。

景别是摄影中的一个重要概念，指的是从拍摄的角度来看，画面中出现的背景、中景和前景的比例关系。在摄影和短视频制作中，合理的景别选择可以帮助创作者更好地表达自己的意图和主题。

（1）远景。远景是指离拍摄者较远的区域，通常包含主体之外的背景环境。在拍摄中，适当的远景可以增强画面的立体感和广阔感，并且可以为主体提供更好的视觉环境。例如，拍摄自然风光时，远景的使用可以更好地表现出大自然的壮美。

81

（2）中景。中景是指位于拍摄者和主体之间的区域，通常是主体的一些背景或环境。在拍摄中，中景可以起到衬托主体和转换画面的作用，同时也可以增强画面的层次感和透视感。例如，拍摄人物肖像时，可以通过适当的中景来突出人物的气质和个性特点。

（3）近景。近景是指离拍摄者最近的区域，通常包含主体的一些细节或特征。在拍摄中，适当的近景可以突出主体的特点和细节，并且可以增强画面的情感表达力和亲密感。例如，拍摄鲜花时，近景的使用可以更好地展示出花朵的美丽和细节。

（4）前景。前景是指位于画面前方的区域，通常是一些物体或景物。在拍摄中，适当的前景可以增强画面的立体感和景深感，并且可以为主体提供更好的视觉环境。例如，拍摄城市街景时，可以通过适当的前景来增强画面的层次感和透视感。

总的来说，不同的景别可以用来表现不同的画面效果和情感表达。在拍摄中，要根据具体情况和需要进行灵活应用，以创造出更具有吸引力和感染力的作品。同时，需要注重画面的整体效果和情感表达，以达到更好的拍摄效果。

## 四、特写镜头和美式镜头的概念与技巧

特写镜头是指用于将特定主题的细节放大的镜头。它可以用来突出一个人的脸部表情、一个物品的细节或一个场景中的某个重要元素。在拍摄中，特写镜头通常会让主题充满整个画面，并将背景模糊化，以突出主题的重要性。

美式镜头是一种特殊的宽镜头，具有广阔的视野和较大的景深，其适合用于拍摄广阔的景象和多人场景，在美国电影中使用广泛，因此得名"美式镜头"。使用美式镜头可以创造出引人注目的视觉效果，使画面更具有层次感。

使用特写镜头和美式镜头需要注意以下技巧。

特写镜头应该用于重点突出的场景，如人物面部表情或物品细节。美式镜头应该用于拍摄宽阔的景象和多人场景，如开阔的天空、广阔的草原和热闹的城市街景。特写镜头可以用来引起观众的情感共鸣，而美式镜头则更适合用来展示场景的壮丽和广阔。特写镜头通常需要使用较大光圈和较短焦距，而美式镜头则需要较小光圈和较长焦距。使用特写镜头和美式镜头时要注意画面的稳定性，尤其是在拍摄移动场景时，需要使用稳定器或三脚架等设备。

## 五、相机移动方式

在摄像过程中，推拉、摇移和升降是指相机在三个不同方向的移动方式，用于改变画面的构图和视角。

（1）推拉。推拉是指相机在水平方向上的移动，通常是将相机沿着水平方向移动一段距离，以改变画面中被拍摄对象的大小和距离感。例如，在拍摄人物时，可以通过推拉操作将人物从远处拉到近处，以突出人物的特点和表情。

（2）摇移。摇移是指相机在垂直方向上的移动，通常是将相机沿着垂直方向上移动一段距离，以改变画面中被拍摄对象的高度和视角。例如，在拍摄建筑物时，可以通过摇移操作将相机上下移动，以拍摄到建筑物的不同角度和高度。

（3）升降。升降是指相机在竖直方向上的移动，通常是将相机沿着竖直方向移动一段距离，以改变画面中被拍摄对象的高度和视角。例如，在拍摄航拍视频时，可以通过升降操作将相机抬高或降低，以获得不同高度和角度的航拍效果。

推拉、摇移和升降是摄像中常用的移动方式，可以通过它们改变画面的构图和视角，从而丰富影片的表现形式和视觉效果。在实际摄像操作中，需要根据场景需求选择适当的移动方式，并掌握相机的稳定性和移动速度，以获得平稳、流畅的画面效果。

除了推拉、摇移和升降，摄像中还有更加复杂的相机移动方式，如前进与后退、旋转、摇晃、倾斜等，它们可以更加灵活地改变画面的构图和视角。以下是一些常见的相机移动方式及其使用技巧。

（1）前进与后退。前进与后退是指相机在水平方向向前或向后移动。这种移动方式可以用于追拍运动员、跟拍汽车等场景。在前进和后退时，需要注意保持相机的稳定性，并根据移动速度调整快门速度和光圈大小，以保持画面的清晰度和亮度稳定。

（2）旋转。旋转是指相机在水平方向沿着垂直轴旋转。这种移动方式可以用于拍摄人物、建筑物等场景，以改变画面的角度和构图。在旋转时，需要注意保持相机的稳定性，并根据画面需要调整相机的旋转速度和角度，以达到良好的效果。

（3）摇晃。摇晃是指相机在垂直方向上的摆动。这种移动方式可以用于创造一种轻微的晃动效果，以增强画面的动感和真实感。在摇晃时，需要注意保持相机的稳定性，并根据画面需要调整摇晃的速度和幅度，以达到良好的效果。

（4）倾斜。倾斜是指相机在垂直方向的倾斜，可以用于拍摄斜视的景象，如拍摄高楼大厦。在倾斜时，需要注意保持相机的稳定性，并根据画面需要调整倾斜的角度和速度，以达到良好的效果。

总的来说，相机移动方式是摄像过程中非常重要的一环，可以通过不同的移动方式，达到不同的画面效果和表现手法。在实际操作中，需要根据场景需求选择适当的移动方式，并掌握相机的稳定性和移动速度，以获得平稳、流畅的画面效果。同时，还需要根据摄像需求合理地运用各种移动方式，创造出更加生动、富有感染力的影片作品。

**实训项目**

4 人为一个摄制组，每组分配摄像机及照明器材，根据各组拍摄计划进行拍摄实践。

要求：协调光线和景别之间的关系，尤其注意光在中景和特写画面中的效果。

拍摄完毕后组织展播评片，请每组讲解拍摄过程中的问题及心得。

拍摄步骤如下。

**步骤 1：确立拍摄距离与景别。** 根据分镜头脚本，确立景别，完成布光。

**步骤 2：确立拍摄角度与构图。** 根据分镜头脚本，确立拍摄角度。

正面角度，是指摄像机处于被摄对象的正面的拍摄角度。正面角度最能够体现被摄对象的主要外部特征，把被摄对象正面的全貌呈现在观众面前。

侧面角度，是指摄像机处于被摄体的正侧方向的拍摄角度。这个角度主要用来表现被摄对象侧面特征，勾画被摄对象侧面轮廓形状。

斜侧角度，是指摄像机处于被摄对象的除正面、正侧面、背面以外的任意一个水平方向的拍摄角度。

反拍角度，是指处于前一个镜头拍摄方向的反面或反侧面角度的拍摄角度，也称"反打"。以拍摄人物为例，前一镜头从正面拍摄，后一镜头从反面或反侧面拍摄。往往将后者称为反拍或反打镜头。

背面角度，是指摄像机处于被摄对象的背面方向的拍摄角度。背面角度使电视画面所表现的视向与观众的视向一致，使观众产生与被摄对象同一视线的主观效果。注意：同学们往往不愿出镜，导致全片大量背面角度画面出现，这种做法是不可取的。

**步骤 3：确立拍摄高度与画面。** 根据分镜，确立摄像机高度。（如平角度、俯角度、仰角度等）。镜头高度各有不同的造型特点和感情色彩。

平角度是指摄像机镜头与被摄对象处在同一水平线上的角度。平角度拍摄的视觉效果与我们日常生活中观察事物的一般情况很相似，符合人们平常的观察视点和视觉习惯。它所拍摄的画面在结构、透视、景物大小对比度等方面与人眼观察所得大致相同，使人感到平等、客观、公正、冷静，给人以亲切感，可以用来表现人物的交流和内心活动。平角度是电视画面创作中最为常用的拍摄高度。

俯角度是指摄像机镜头高于被摄对象水平线的角度。俯角度的特点如下：画面内地平线明显升高，甚至落在幅外，有利于交代画面内景物的层次、数量及分布情况，可以展现出完整的画面布局，显得宽广、气势宏伟。画面中竖向线条有向下透视集中的趋势，用广角镜头拍高大建筑物时，建筑物顶部与地面景色能够形成远近景强烈的透视对比，有"配景缩小"的效果。用稍俯的角度拍摄人物时，因线条向下透视的缘故，可以使之略显清秀。拍摄环境与人的关系时，可以造成孤单、渺小、茫然、压抑的心理效应。

仰角度是指摄像机镜头低于被摄对象水平线的拍摄角度。由于镜头低于被摄对象，产生从下往上、从低到高的视觉效果。仰角度拍摄时，摄像机在被摄对象的水平线以下，低于被摄对象向上拍摄，画内地平线明显下降，甚至落在画幅之外，从而突出画面中的主体要素，将次要的物体、背景降于画面的下部，使画面显得洁净。拍摄人物时，产生崇高伟岸之感，还可使近景人物显得丰满振奋；拍摄建筑物则可产生巍峨、雄伟的气势。仰角画面中的跳跃、腾空等动作，比我们一般的感觉更具夸张效果，具有很强的视觉冲击力。

**步骤 4：确立场面调度。** 根据分镜确立人物调度、镜头调度、轴线处理。

人物调度是对被摄者的动作和活动路线的安排。

镜头调度是摄像中机位的确定和调动，以及各种运动镜头的合理运用。不同的拍摄方向如正、侧、斜侧、后侧等，不同的拍摄角度如平、斜、俯、仰等，不同的拍摄景别如远、全、中、近、特等，不同的镜头运动如推、拉、摇、移、跟、升、降、固等。

在实际拍摄时，编摄人员围绕被摄对象进行镜头调度时，为了保证被摄对象在画面空间中的位置正确和方向统一，摄像机要在轴线一侧 180 度之内的区域设置机位（图 4-1）、安排角度、调度景别，这就是"轴线规律"。如果拍摄过程中摄像机的位置始终保持在轴线的同一侧，那么不论摄像机的高低俯仰如何变化，镜头的运动如何复杂，不管拍摄多少镜头，从画面来看，被摄主体的位置关系及运动方向等总是一致的。

倘若摄像机越过原先的轴线一侧，到轴线的另一侧区域去拍摄，即称为"越轴"。越轴后所拍得的画面中，被摄对象与原先所拍画面中的位置和方向是不一致的。越轴前所拍画面与越轴后所拍画面无法组接。如果硬行组接，将发生视觉接受上的混乱。

图 4-1 人物轴线与机位

**步骤 5：拍摄与场记。** 每个镜头拍摄之前，完成前四个步骤后，可以进行拍摄。

**拍摄要点：** 对于初学者，每个镜头需要多拍几遍，优中取优。每个镜头要前后各延长 5 ~ 10 秒，不要开机同时立即进入调度，要给剪辑留有余地。每个镜头均需在场记本中记录详细信息，以供后期剪辑使用。

 **技能训练表**

拍摄技能训练表见表 4-5。

表 4-5　拍摄技能训练表

| 学生姓名 | | 学　号 | | 所属班级 | |
|---|---|---|---|---|---|
| 课程名称 | | | 实训地点 | | |
| 实训项目名称 | 拍摄 | | 实训时间 | | |
| 实训目的：<br>镜头拍摄训练。 | | | | | |
| 实训要求：<br>1. 完成一系列镜头的拍摄。<br>2. 镜头之间的光线条件具备一致性。 | | | | | |
| 实训过程： | | | | | |
| 实训体会与总结： | | | | | |
| 成绩评定 | | 指导老师<br>签名 | | | |

 经验分享

拍摄中的轴。

轴线有三种类型，分别是方向轴线、运动轴线和关系轴线。

方向轴线：被摄对象静止不动，轴线由各主体间的连线或主体到背景平面的垂直线来定。

运动轴线：处于运动中的人或物体，其运动路径构成主体的运动轴线。它是由被摄主体的运动产生的一条无形的线，或称主体运动轨迹。

关系轴线：关系轴线是由人与人或者人与物进行交流的位置关系形成的轴线。这种轴线是一条直线。

避免越轴的方法如下。

对于同一主体的镜头转换，在剪接点上，主体或视点（机位）的运动或变化，其角度一般要在相同方向范围内变化，若有相异或相反方向的变化，应呈现在画面中，使前后画面以相同方向顺畅组接，从而保证主体运动方向或视线方向的统一。若表现实际中方向相同的不同主体，一般采用相异方向，有时也用相同方向，而不能采用相反方向。一般而言，只要在拍摄时注意以上规律，就能有效避免越轴。

解决越轴的方法如下。

利用被摄对象的运动变化改变原有轴线；利用摄像机的运动越过原先的轴线；利用中性镜头间隔轴线两边的镜头，缓和越轴给观众造成的视觉上的跳跃感；由于中性镜头无明确的方向性，所以能在视觉上产生一定的过渡作用，中性镜头也可称为"骑轴"镜头；利用插入镜头改变方向，越过轴线；在相同空间的相同场景中，插入一些方向性不明确的被摄对象的局部特写画面，使镜头在轴线两侧所拍的画面能够组接起来，或插入一些环境空间中的实物特写作为过渡镜头，利用双轴线，越过一个轴线，由另一个轴线去完成画面空间的统一。

# 项目 5
# 剪辑技术与视听语言

《绍兴塔山》

## 导语

### 短视频拍摄后要做什么

拍摄完了不是结束，只是另一个开始。

完成了短视频拍摄工作后，剪辑是将成果具象化的关键。在这一项目中，我们将重点介绍如何进行剪辑和后期制作，让大家学会如何制作短视频。

## 项目导引

**学习目标**

1. 能够进行素材的整理、能够收集与补充其他视频素材。

2. 能够运用剪辑软件剪辑短视频，掌握剪辑流程工序（手机/电脑）。

3. 掌握常见剪辑技巧与镜头语言运用方法。

4. 掌握基本的后期特效制作技巧。

**训练项目**

1. 素材的收集与整理。

2. 运用剪辑软件剪辑短视频。

3. 剪辑技巧与镜头语言的使用方法。

4. 基础后期特效。

## 项目思维导图

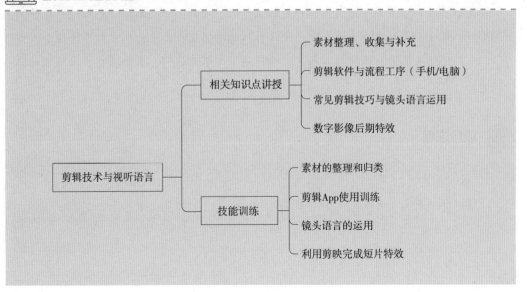

**建议学时**

18 学时。

 情境导入

在一个繁忙的影视制作工作室里，剪辑师沈小飞正全神贯注地面对着一堆杂乱的素材，眉头紧锁。这时，场记吕呼呼走了进来，手里拿着一叠整理得井井有条的素材清单。

吕呼呼："沈哥，你看起来有些苦恼啊，是不是素材太乱了？"

沈小飞抬头看了吕呼呼一眼，叹了口气："是啊，这些素材真是太乱了，我都找不到头绪。有时候，明明记得某个镜头很好，可是翻遍整个文件夹都找不到。"

吕呼呼笑了笑，递过手中的素材清单："沈哥，你试试用这个吧。我把所有的素材都按照场景、角色和拍摄时间进行了分类，还标注了每个镜头的关键内容。这样你找起来应该方便多了。"

沈小飞接过清单，眼前一亮："哇，这真是太棒了！这样一来，我就能快速定位到我想要的镜头，大大提高剪辑效率。"

吕呼呼："没错，素材整理是剪辑工作中非常重要的一环。一个好的素材整理系统，不仅能让我们更快地找到需要的镜头，还能避免遗漏或重复使用的情况。"

沈小飞点头赞同："你说得对。我以前总是觉得整理素材太麻烦了，拖延着不做。现在看来，这是一个必须重视的环节。"两人开始一起讨论如何进一步优化素材整理流程，让剪辑工作更加高效。

沈小飞深刻体会到了素材整理对剪辑工作的重要性，并决定以后要将这个环节做得更好。经过一段时间的实践，沈小飞的剪辑效率明显提高，他也更加享受这个工作了。而吕呼呼也因为自己的细心和责任心得到了大家的认可，成为工作室里不可或缺的一员。

 项目主题

《匠心》
请以非物质文化遗产手作为主题进行项目训练。

# 任务 5-1 素材整理、收集与补充

 **建议学时**

2 学时。

 **任务目标**

**知识目标**

1. 掌握短视频素材的归纳方法。

2. 了解短视频素材的收集渠道。

**技能目标**

1. 能够明确不同素材类型的整理方式。

2. 能够规范整理素材库的素材。

**思政目标**

1. 通过教学，使学生学会如何有效地从各种渠道获取与主题相关的素材，并具备筛选素材真伪、优劣的能力。在素材收集与整理过程中，强调诚信原则，要求学生尊重原创、拒绝抄袭，树立正确的学术道德观念。

2. 通过小组讨论、汇报展示等形式，锻炼学生的口头表达能力，使他们能够清晰、准确地表达自己的观点和想法。鼓励学生在素材整理与补充的过程中发挥创造力，提出新颖的观点和想法，培养他们的创新精神和实践能力。

 **基础知识**

为什么要整理素材？

剪辑是将所有拍摄的素材，经过选择、取舍、分解与组接的过程，最终完成一个连贯流畅、主题鲜明、富有艺术感染力的作品。短视频拍摄完成之后，会有大量的素材，为了方便后期剪辑人员对素材的把控，必须对素材进行一定的归纳和整理。前期的素材整理能够大大节省剪辑时间，减少重复工作量。

## 一、图片素材和视音频素材的整理

整理图片和视音频素材有两种方式：第一种是在编辑软件里整理，如在 Premiere

91

Pro 软件里，用户可以直接为素材添加素材箱，将相同的素材放置在同一个文件夹中并命名素材箱，能够使后期的剪辑更加便捷。除此之外，用户还可以对素材添加自定义颜色标签。第二种是在编辑软件外整理素材，主要通过规范文件名、整理文件夹结构等方式整理，操作方法如下：在电脑上新建一个文件夹，可以日期加项目命名，根据个人喜好建子文件夹并命名，命名的内容与素材画面一致。

一般都会采用第二种方式，先对素材的文件名和文件目录进行整理，有了整体框架后，再导入软件中进行二次整理，这样可以大幅度提升剪辑效率。

小贴士

### 文件的命名有什么讲究

（1）工程：放置工程文件，如果客户需要再次修改，可以将之前的工程打开重新编辑，或者存放一些其他格式的工程文件，用于视频的包装、设计、补充等。

（2）素材：放置图片、视频，在此内容中可以对素材进行二次整理，如视频中包含室内拍摄、室外拍摄、空镜等画面，可以对其单独分类。

（3）包装：放置视频包装的相关内容。

（4）声音：放置背景音乐、旁白、音效、配音等音频文件。

（5）输出：存放各个版本的输出文件，如 .mp4、.avi、.mov 等格式。

但其实，素材的整理和归类在拍摄时就已经开始了，目前市面上的大部分相机都支持自定义命名文件，可以把拍摄的相关信息直接写入文件名中。

对于视音频素材的整理也可以用文件名，不过还需要备注更多的信息。如在拍摄中放置打板，后期剪辑人员能够明白该画面为视频中的哪一个部分。当你在后期整理素材，面对无数个没有头绪的文件名时，之前对素材的命名就起到了至关重要的作用。

## 二、各种素材的收集和补充

视频必须具备三个基本要素：①画面素材；②文字素材；③声音素材。三者之间是相辅相成、缺一不可的。

素材来源于大家的日常生活，如听到一首好听的音乐，就可以收藏保存，为之后的视频剪辑累积一定的素材。当然，也可以根据视频内容去网上搜索收集相关素材，网上的素材有些是免费的，有些则需要支付费用。

一份好的素材能大大提升剪辑效率和作品质量，所以大家在选取素材时也要尽可能选择画质清晰、符合视频主题思想的素材。

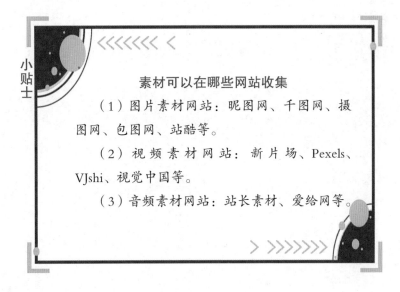

小贴士

素材可以在哪些网站收集

（1）图片素材网站：昵图网、千图网、摄图网、包图网、站酷等。

（2）视频素材网站：新片场、Pexels、VJshi、视觉中国等。

（3）音频素材网站：站长素材、爱给网等。

 **实训项目**

1. 上网搜索所需的素材

打开网络，根据需求搜索相关素材，搜索网站名视觉中国、新片场等，进入网站后，在搜索框中直接输入素材名字，如中国美景、中国街景等。

2. 将不同格式的素材分类整理

在电脑中选择合适的位置，新建文件夹，命名为素材的种类，如图片、视频、音频、音效、工程文件等，将素材一一放入文件夹中。

 **技能训练表**

素材的整理和归类技能训练表见表 5-1。

表 5-1　素材的整理和归类技能训练表

| 学生姓名 | | 学　　号 | | 所属班级 | |
|---|---|---|---|---|---|
| 课程名称 | | | 实训地点 | | |
| 实训项目名称 | 素材的整理和归类 | | 实训时间 | | |
| 实训目的：<br>掌握搜索素材的方法，熟练对素材进行整理和归纳。 | | | | | |
| 实训要求：<br>1.多种方式搜索素材。<br>2.能够对素材正确合理地归纳和整理。 | | | | | |
| 实训过程： | | | | | |
| 实训体会与总结： | | | | | |
| 成绩评定 | | 指导老师<br>签名 | | | |

## 经验分享

可以先在电脑上新建一个文件夹，以"日期＋项目名称"命名，根据个人喜好建立子文件夹，一般分为 4 项：工程文件、素材、声音、输出，再根据情况添加子项目。

在素材文件夹下还可以按时间、地点、类型等分类建立一些子文件夹，根据个人习惯进行命名，然后在对素材进行分类的同时了解已有素材的内容，目的是在需要时可以在短时间内找到。

## 任务 5-2 剪辑软件与流程工序（手机 / 电脑）

**建议学时**

4 学时。

**任务目标**

**知识目标**

1. 熟悉短视频制作的剪辑软件。

2. 掌握用手机和电脑剪辑短视频的流程。

**技能目标**

1. 能够明确不同短视频类型剪辑工具的应用场景。

2. 能够使用手机或电脑剪辑短视频。

**思政目标**

1. 在视频剪辑的过程中，引导学生遵守行业规范、尊重知识产权，避免抄袭和侵权行为的发生。

2. 通过实际案例的分析和讨论，使学生认识到视频剪辑在信息传播中的重要作用，引导学生树立正确的价值观和舆论导向。

3. 通过剪辑具有中国特色的视频素材，让学生深入了解中国优秀传统文化和社会主义核心价值观，增强学生的文化自信和民族认同感。

**基础知识**

## 一、手机和电脑剪辑软件

一款优秀的剪辑软件，不仅操作起来简单易上手，还会为用户提供各种各样的调色工具、滤镜和上百种特效，可以让用户在短时间内掌握软件的使用方法，利用软件中的模板就能够达到一键成片的效果。

优秀的剪辑软件可以为用户提供全方位的支持，让用户直接看到更多的优势和帮助，并且适用于各种类型的内容创作者。

### （一）手机剪辑软件

越来越多的人加入短视频的行列之中，不断拍摄视频发布到各个平台，一些日常的生活记录内容，大部分人都会选择使用手机来剪辑。当前主流的手机剪辑软件，不仅适用于短视频剪辑，而且对于稍长一点的视频也没有问题，能够满足日常需求。

（1）剪映，是由抖音官方推出的一款手机视频剪辑工具，可用于短视频的剪辑制作和发布。其剪辑功能较为全面，支持变速，滤镜和美颜效果多样，曲库资源丰富。2021年，剪映还上线了电脑版，支持用户在更多的场景中自由创作。该软件支持色度抠图、视频防抖、图文一键成片等高阶功能，模板类型丰富，效果炫酷，能够较好地识别字幕，创作受干预较少，是大部分人会选择使用的一款手机剪辑软件，如图5-1所示。

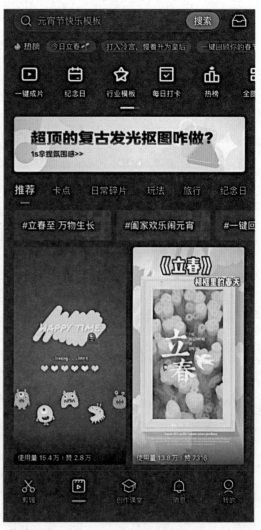

图5-1　剪映

（2）快影，是快手公司旗下的一款视频拍摄、剪辑和制作工具软件。快影的用户主要编辑搞笑段子、游戏和美食等视频，适用于 30 秒以上的长视频制作。目前，有些网剧也会选择在快手上播放。该软件具有较强的视频剪辑功能，音乐库也十分丰富，能够让用户在手机上轻松完成视频的制作和创意，制作出的视频趣味性十足，如图 5-2 所示。

图 5-2　快影

（3）小影，是杭州小影创新科技有限公司于 2013 年推出的一款视频剪辑软件。该软件面向大众，集视频剪辑、教程玩法、拍摄为一体，具备逐帧剪辑、语音提取、特效引擎、院线级 4K 清晰度、视频画质修复等功能。其拍摄玩法新奇，主题滤镜多变，具有好莱坞式的 FX 特效。除此之外，小影的主题模板都可以一键套用，可以为视频添加文字、贴纸、背景音乐和水印等，并且操作都非常简单，能够提高工作和学习的效率，如图 5-3 所示。

图 5-3　小影

　　（4）必剪，是哔哩哔哩发布的一款视频剪辑软件。该软件的定位是"年轻人都在用的剪辑工具"，能够创建属于用户的专属虚拟形象，实现 0 成本做虚拟 UP 主，具备高清录屏、游戏高光识别、智能抠图、视频模板、画中画、蒙版等功能，还有音乐、专业画面特效，可以给视频编辑添加乐趣。除此之外，必剪还有一个重要功能，支持一键投稿，与哔哩哔哩账号互通，加快了投稿速度，如图 5-4 所示。

　　通过以上描述发现，大部分的手机剪辑软件界面简单，点击"开始创作"，就可以加入图片、视频等内容，还可以根据视频的类型添加各种各样的音乐，也可以直接使用模板生成影片，操作十分方便，即刻上手，为此深受新手用户的喜爱。

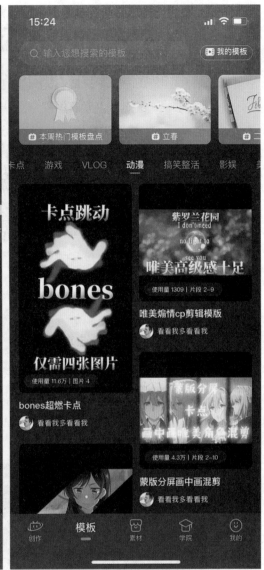

图 5-4　必剪

### （二）电脑剪辑软件

电脑剪辑软件相对于手机剪辑软件来说稍难一些，也更为专业。

（1）Premiere Pro，简称"Pr"，是由 Adobe 公司开发的一款非线性编辑的视频剪辑软件，提供了采集、剪辑、调色、美化音频、字幕添加、输出的一整套流程，并和其他 Adobe 软件 After Effects、Adobe Audition、Photoshop 等高效集成，协作性强，可用于视频段落的组接，并具备一定的特效和调色功能，如图 5-5 所示。

该软件容易学习，能够高效、精准地制作出用户所需的视频，有极高的创作自由度，广受专业剪辑人士的好评，是剪辑爱好者必不可少的视频编辑工具。

图 5-5　Premiere Pro

　　（2）EDIUS，是由美国 Grass Valley（草谷）公司推出的一款非线性视频编辑软件，专为广播和后期制作环境而设计，特别针对新闻记者、无带化视频制播和存储。EDIUS拥有完善的基于文件工作流程，提供了实时、多轨道、多格式混编、合成、色键、字幕和时间线输出功能，支持多种视频格式的导入，同时支持所有 UDVD、HDV 摄像机和录像机，如图 5-6 所示。

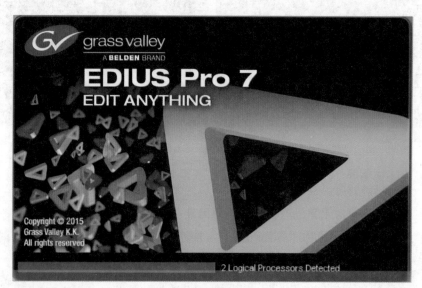

图 5-6　EDIUS

　　该软件相较于 Premiere Pro 来说，更适合新手，学习容易上手，能够满足视频的剪辑要求，对电脑硬件要求也较低一些。

（3）Adobe After Effects，简称"AE"，是 Adobe 公司推出的一款视频剪辑及设计软件，主要用于图形与视频的设计与处理，广泛应用于影视后期、影视特效、广告宣传、栏目包装以及 UI 设计（界面设计）等行业领域。可以用 AE 进行多种影像的合成，制作出优美的视觉效果，其相较于以上两种视频剪辑软件操作时更难一些，能够与主流的 3D 软件良好结合，如 3ds Max、Maya、Cinema 4D、XSI 等，创造更多的画面效果，如图 5-7 所示。

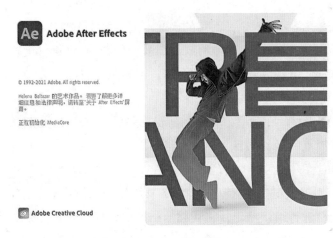

图 5-7　Adobe After Effects

（4）Final Cut Pro，简称"FCPX"，是由苹果公司推出的一款非线性编辑软件，适配于 macOS 系统的剪辑软件，不提供 Windows 版本，一般不可以在除苹果电脑外的其他品牌电脑上使用。该软件是一个高性能、全功能的应用软件，可以通过具体的参数来设定项目，以此达到精准的调整状态，同时具备像 Adobe After Effects 软件的合成特性，如图 5-8 所示。

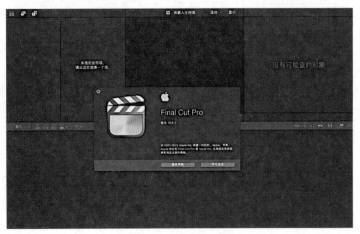

图 5-8　Final Cut Pro

相比 Premiere Pro，Final Cut Pro 的界面更加清晰、操作也更为简单，可以实时保存剪辑工程，插件在众多的专业剪辑软件中最丰富。

## 二、剪辑的流程工序

一名专业的剪辑师拿到素材的第一时间不会直接进行删减，而是会经过以下流程逐步完成一个视频。

第一步，厘清思路。面对杂乱无章的素材，不要自乱阵脚，在心里规划好视频的剪辑思路可以让后面的剪辑流程事半功倍。拿到素材后，先将素材浏览两遍，对素材有一个大概的了解，厘清视频的整体框架内容，在熟悉素材的过程中，可以将自己的想法记录下来，以备之后的剪辑需要。

第二步，整理素材。在确立好大致的剪辑思路后，就需要对素材进行筛选、整理、分类。通过建立规范的素材项目文件夹，将不同场景的系列镜头分类到不同的文件夹之中，便于后续的剪辑和素材的管理。

第三步，粗剪。将素材分类整理完毕后，接下来的工作就是在剪辑软件中按照脚本的顺序场景对素材进行组接剪辑，将视频的结构框架搭建起来，删掉无用或重复的素材，保留与原内容符合度最高的片段，让视频有故事性。根据导演的诉求，在粗剪的过程中，可以调整视频的主次关系，使得视频逻辑性更为合理。

第四步，精剪。精剪对于视频的剪辑来说非常重要，它是在粗剪的基础上，对视频节奏及氛围等方面做精准的调节，即更加细节化的处理。在不影响整体剧情的情况下，适当地对画面做加法和减法，让视频更加完美。

第五步，添加配乐及音效。配乐是视频风格的重要组成部分，对视频的节奏起着决定性作用，一个好的配乐能够大大增加视频的可看性，而音效则能够让视频更加有层次感。

第六步，添加字幕特效及调色。视频剪辑完成后，还需做结尾工作，给视频添加字幕以及片头片尾。所有的剪辑工作都完成之后，需要对视频的颜色进行统一的校正，该步骤一般情况下会交给专业的调色师来完成。

第七步，检查视频。在视频导出之前，需要检查画面和声音。查看是否有重复片段，是否有夹帧、丢帧、无故黑场，字幕是否有错别字，人物声音是否和画面相吻合，声音是否处在同一个音量中等问题。

第八步，导出视频。

视频 5-1

使用电脑剪辑

### 三、使用 Premiere 编辑短视频

步骤 1：打开 Premiere 软件，单击窗口中的"新建项目"，如图 5-9 所示。

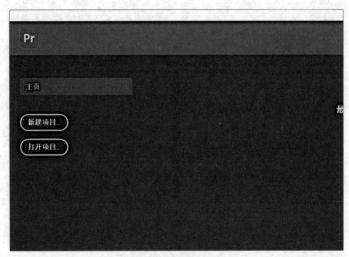

图 5-9　新建项目

步骤 2：跳出"新建项目"窗口，根据需求输入名称，单击位置右侧的"浏览"设置存放位置，单击"确定"即可，如图 5-10 所示。

图 5-10　设置存放位置

步骤 3：新建项目完成后，正式进入 Premiere 软件中，如图 5-11 所示。

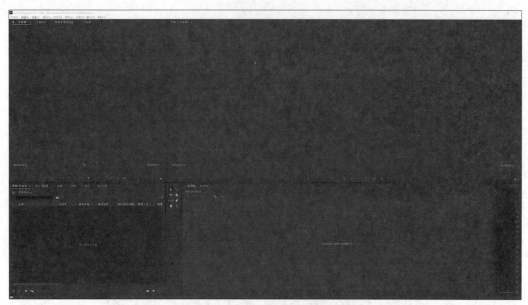

图 5-11　进入 Premiere 软件

步骤 4：找到项目窗口，双击空白处或者直接拖拽将素材导入进来，如图 5-12 所示。

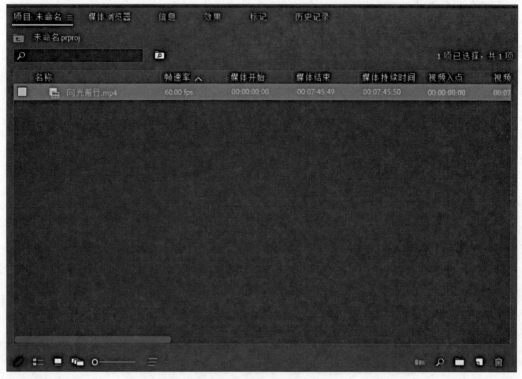

图 5-12　导入素材

步骤 5：素材导入后，单击菜单栏 – 文件 – 新建 – 序列或者按快捷键 Ctrl+N，跳出"新建序列"窗口，根据需求选择相应的预设，输入序列名称，单击确定，如图 5-13 所示。

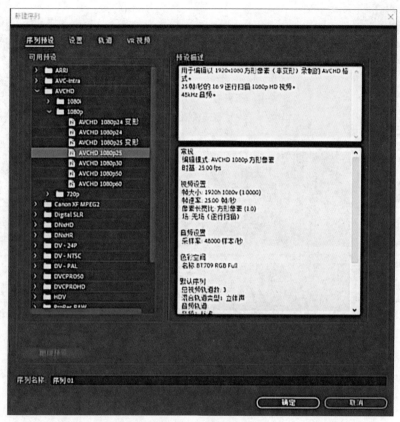

图 5-13　新建序列

步骤 6：选择项目窗口的素材拖拽至序列面板的轨道 1，即 V1 轨道，可能会跳出剪辑不匹配警告，根据需求选择更改序列设置或者保持现有设置，更改序列设置的尺寸会随素材的尺寸变化，保持现有设置的尺寸则是序列预设的尺寸，如图 5-14 所示。单击确认后，显示如图 5-15 所示。

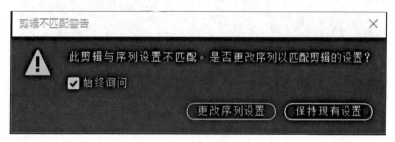

图 5-14　轨道

图 5-15　软件界面

步骤 7：对视频进行裁切，选择工具栏中的剃刀工具或者快捷键 C，可以对素材进行切割，如图 5-16 所示。

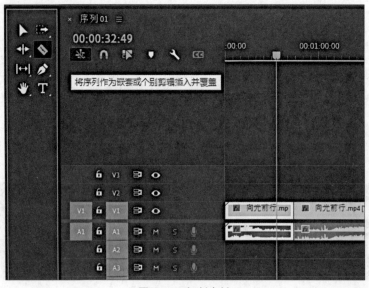

图 5-16　切割素材

步骤 8：对于不需要的素材，选中后按住键盘上的 Delete 键进行删除，也可以在选中不需要的素材后，右击选择"清除"或"波纹删除"，如图 5-17 所示。

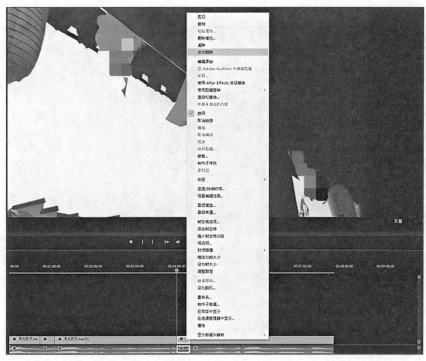

图 5-17　清除素材

步骤 9：根据视频的诉求，对素材进行组接和位置的调整，直接在序列面板中移动素材，如图 5-18 所示。

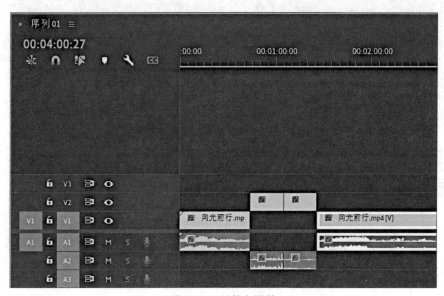

图 5-18　组接和调整

步骤 10：组接完成后，有些间隔画面会有卡顿或者衔接不上等问题，可以给视频添加转场效果，单击效果窗口，如图 5-19 所示。

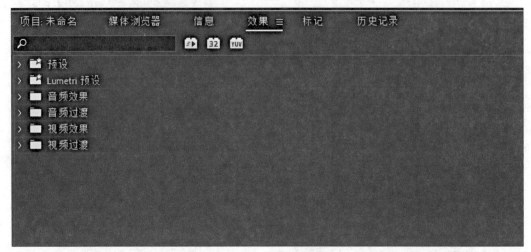

图 5-19　添加转场效果

步骤 11：单击视频过渡前的展开按钮，选择溶解，继续展开，单击交叉溶解，按住鼠标左键不放拖拽到两段素材之间，如图 5-20 所示。

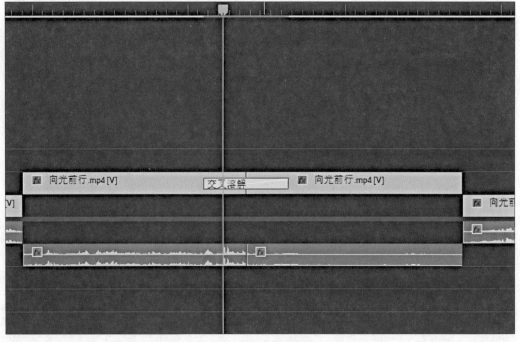

图 5-20　交叉溶解

步骤 12：播放视频预览转场效果，如图 5-21 所示。

图 5-21　预览转场效果

步骤 13：为了让视频更有动律和画面感，为视频添加音乐、音效和配音，在项目窗口找到音频，单击音频拖拽至序时间线轨道 A1 上，如图 5-22 所示。

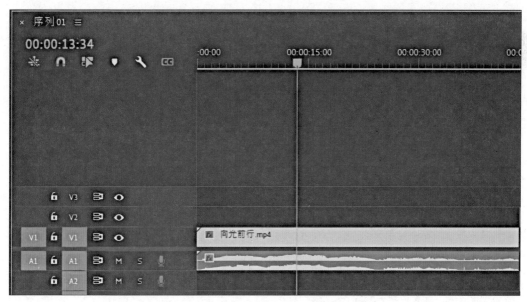

图 5-22　音频

步骤 14：选择工具栏中的剃刀工具可以对音频进行裁切，使音频能够贴合视频，如图 5-23 所示。

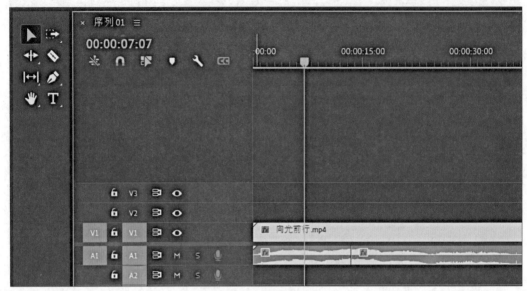

图 5-23　裁切音频

步骤 15：在对音频进行裁切后，如果音频有卡顿或不协调等问题，可以为音频添加效果，选择项目窗口中的效果一栏，展开音频效果或音频过渡，根据需求选择相应效果，直接将效果拖拽至音频的两段素材之间，如图 5-24 所示。

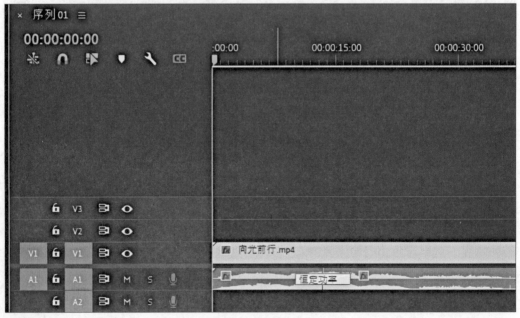

图 5-24　添加音频效果

步骤 16：如果还有音效、配音等，可以在导入相应声音后，拖拽至时间线轨道 A2 或轨道 A3，防止覆盖轨道 A1，如图 5-25 所示。

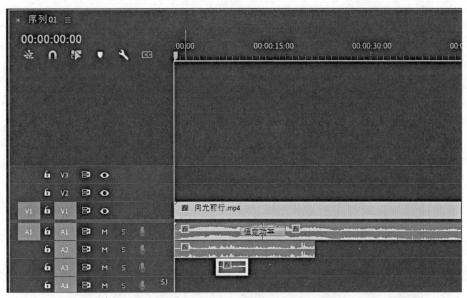

图 5-25　导入声音

步骤 17：为视频添加字幕，选择工具栏中的文字工具，在节目窗口输入文字，如图 5-26 所示。

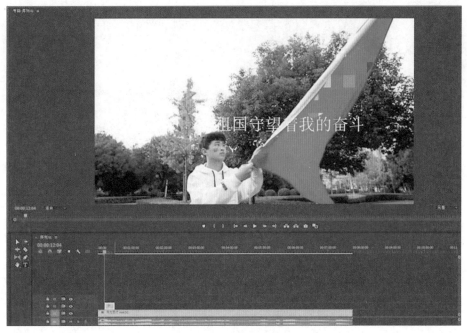

图 5-26　添加字幕

111

步骤 18：单击主界面左上方的效果控件窗口，调节文字的字体、格式、颜色、位置及大小，如图 5-27 所示。

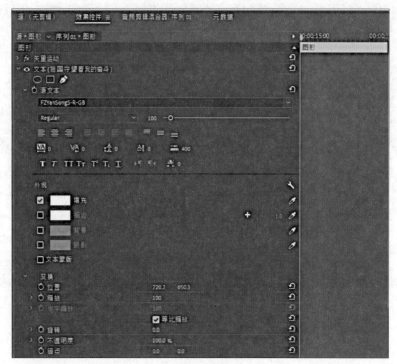

图 5-27　效果控件

步骤 19：根据声音的位置调节字幕的位置，在时间线上拖动文字的开始和结束位置，如图 5-28 所示。

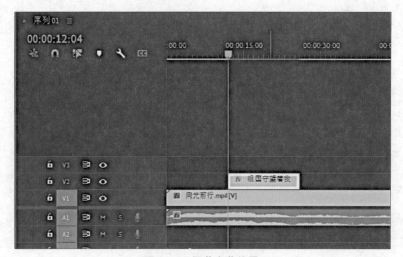

图 5-28　调节字幕位置

步骤 20：添加完字幕，播放视频，检查视频是否还有问题，如无问题，在时间线中将蓝色的标尺放置在需要输出的视频位置，入点为 I，出点为 O，如图 5-29 所示。

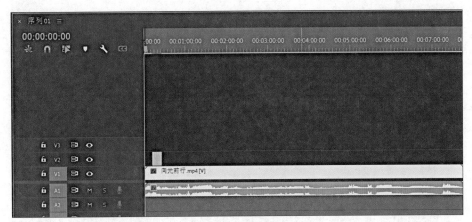

图 5-29　播放视频

步骤 21：选择文件——导出——媒体或快捷键 Ctrl+M，如图 5-30 所示。

图 5-30　导出文件

步骤 22：跳出"导出设置"窗口，根据需求设置格式，如 H.264、MPEG4、QuickTime 等，如图 5-31 所示。

图 5-31　设置格式

步骤 23：修改输出名称，并选择另存在合适的位置，检查视频设置等问题，单击面板最下方的导出，如图 5-32 所示。

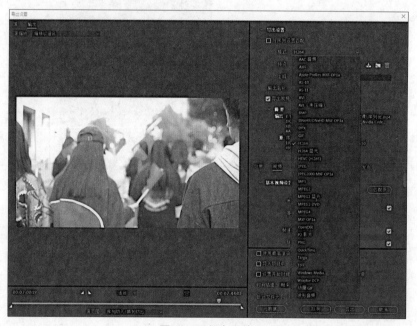

图 5-32　保存文件

步骤 24：视频导出后，进一步浏览视频，检查视频是否衔接顺畅，如图 5-33 所示。

图 5-33　浏览视频

## 四、使用剪映 App 制作短视频

步骤 1：打开剪映 App，点击屏幕左下方"剪辑"，点击"开始创作"，如图 5-34 所示。

步骤 2：勾选素材，选择屏幕右下方添加导入剪映 App 中，如图 5-35 所示。

图 5-34　开始创作

图 5-35　导入素材

115

步骤 3：选中需要裁剪的素材，将白色的标尺放在需要裁剪的位置，点击屏幕下方左侧的分割，如图 5-36 所示。

步骤 4：如果该段素材需要变速，可以在选中素材后，点击屏幕下方的变速，变速分为常规变速和曲线变速，如图 5-37 所示。

图 5-36　裁剪素材

图 5-37　素材变速

步骤 5：为素材与素材之间添加转场效果，让视频看起来更加顺畅和酷炫。点击素材之间的白色间隔处，自动跳出转场效果，选择所需转场，加入转场，白色间隔图标有所变化，如图 5-38 所示。

步骤 6：为视频添加音频，点击屏幕中的添加音频或者点击屏幕下方的音频，如图 5-39 所示。

步骤 7：点击音乐，根据类别选择相应音乐，也可以选择导入音乐，复制粘贴音乐链接或提取视频中音乐或本地音乐，如图 5-40 所示。

图 5-38　添加转场效果　　　　图 5-39　添加音频

图 5-40　导入音乐

117

步骤 8：如有音效需求，点击屏幕下方音效，选择所需音效，点击面板右侧的"√"表示确定，也可以选择提取自己手机中的视频音乐，如图 5-41 所示。

步骤 9：添加完音乐，选中音频，对照视频长度，分割音频，不需要的部分选中后，点击屏幕下方的删除，如图 5-42 所示。

图 5-41　选择音效　　　　　　　　　　图 5-42　分割音频

步骤 10：选择音频，点击屏幕下方音量对音频的音量大小进行调节，同时也可以选择淡化、踩点、变速、降噪等对音频进行一系列效果处理，如图 5-43 所示。

步骤 11：选择屏幕下方的文字，为视频添加文字效果，点击新建文本，输入文字，对文字的字体、样式、大小、颜色等进行修改，调整后点击面板右侧的"√"表示确定，如图 5-44 所示。

步骤 12：文字部分还可以添加贴纸，根据视频的声音识别字幕、识别歌词，也可以使用文字模板，为文字创造更多花样，如图 5-45 所示。

步骤 13：制作完成后，对视频整体进行统一调色，点击屏幕下方的滤镜，选择合适的滤镜，或者调节亮度、对比度、饱和度等，如图 5-46 所示。

步骤 14：如果对视频有封面需求，点击设置封面，选择封面模板或添加文字或封面编辑对封面进行调整，也可以通过相册导入封面，如图 5-47 所示。

图 5-43　处理音频

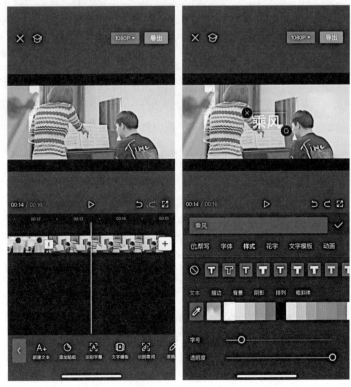

图 5-44　添加文字

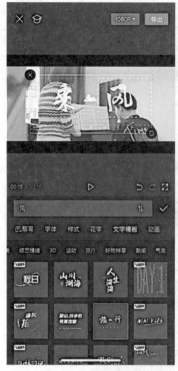

图 5-45　美化文字

图 5-46　视频调色

图 5-47　设置封面

步骤 15：完成后点击屏幕右上角"导出"，会自动保存到手机相册中，同时，可以选择是否发布到抖音平台和西瓜视频，如图 5-48 所示。

步骤 16：点击完成，短视频制作完毕，如图 5-49 所示。

图 5-48　保存文件　　　　　　　　　　　　图 5-49　完成制作

 实训项目

以个人为单位，使用剪映 App 制作短视频。

剪辑工作流程如下。

步骤 1：准备 3 段横版视频，每段时长为 4 ~ 6 秒。

步骤 2：为画面设置转场，关闭原音，添加音频。

步骤 3：设置比例（3 ：4）。

步骤 4：选择合适的字幕。

步骤 5：进阶操作：增加特效、滤镜。

步骤 6：准确反映主题特征。

步骤 7：MOV 格式或 MP4 格式。

**技能训练表**

剪辑 App 使用训练技能训练表见表 5-2。

表 5-2　剪辑 App 使用训练技能训练表

| 学生姓名 | | 学　号 | | 所属班级 | |
|---|---|---|---|---|---|
| 课程名称 | | | 实训地点 | | |
| 实训项目名称 | 剪辑 App 使用训练 | | 实训时间 | | |
| 实训目的：<br>运用剪映和 Premiere Pro 剪辑短视频。 | | | | | |
| 实训要求：<br>1. 掌握剪映 App 剪辑短视频的流程。<br>2. 掌握 Premiere Pro 剪辑短视频的方法和技巧。 | | | | | |
| 实训过程： | | | | | |
| 实训体会与总结： | | | | | |
| 成绩评定 | | 指导老师<br>签名 | | | |

**经验分享**

　　拍摄出完美的短视频之后，需要对短视频进行画面的拼接，这时就需要使用一些剪辑软件。对于手机来说，目前市场上较为流行的软件有剪映、快影、小影、快剪辑、必剪、Videoleap 等；对于电脑来说，目前较为流行的软件有 Premiere Pro、EDIUS、Adobe After Effects、Final Cut Pro、Nuke 等。根据短视频的需求可以使用不同的剪辑软件，如图 5-50 所示。

剪映　　　　　　快影　　　　　　Premiere Pro　　　　Final Cut Pro

图 5-50　剪辑软件

# 任务 5-3　常见剪辑技巧与镜头语言运用

**建议学时**

4 学时。

**任务目标**

**知识目标**

1. 了解短视频的剪辑技巧。

2. 掌握镜头语言的运用方式。

**技能目标**

1. 能够把握视频剪辑的风格特点。

2. 能够在短视频中熟练运用镜头语言。

**思政目标**

1. 培养学生正确的审美观和价值观，使其能够识别并抵制低俗、不良信息等内容，树立正确的文化导向。

2. 增强学生的文化自信，通过对剪辑技巧和镜头语言的学习和运用，传承和弘扬中华优秀传统文化，激发学生对中华文化的热爱和尊重。

3. 引导学生树立创新意识，鼓励学生在剪辑和镜头语言运用中尝试新方法、新思路，培养学生的创新思维和实践能力。

 **基础知识**

## 一、常见的剪辑技巧

对于刚刚接触短视频的人来说，拍摄与剪辑都是非常大的难点，要想在成千上万个短视频中脱颖而出，还需要不断学习和打磨，运用一些技巧，包括整个视频的衔接以及调色，初期视频会出现画面过渡不自然的现象，对此，我们应该如何解决呢？

### （一）利用高级的开头吸引眼球

在剪辑短视频时，尽量使用一个比较高级的开头，提高画面的期待值，吸引观众的注意力，让他们看到开头就产生想要继续看下去的冲动。比如可以在视频开始的前几秒就设下诱因，在用户心中植入某种动机，制造悬念感和冲突感，时长 3 ~ 5 秒即可。

### （二）视频的衔接和转场

明明镜头都十分好看，为什么剪辑在一起就很奇怪？这是因为视频没有加入设计好的转场效果，很容易给画面造成违和感。

转场可以分为无技巧转场和技巧转场。

无技巧转场不依靠后期的特效，而是通过场面直接进行过渡，主要适用于蒙太奇镜头段落之间和镜头之间的转换。无技巧转场强调视觉的连续性，在运用无技巧转场时需要注意寻找合理的转换因素和适当的造型因素，如相同物体转场、甩镜头转场、遮挡镜头转场、运动镜头转场、逻辑因素转场等。无技巧转场更为高级自然、节奏明快，不拖泥带水，能够保持更好的叙事流。

技巧转场则是通过后期软件中的特技，对画面进行特效的处理，由此完成场景的转换，一般包括淡入淡出、叠化、翻转、定格、闪白、运镜、模糊、分割等。在运用技巧转场时需要注意视频片段所想要表达的含义，根据呈现出的结果选择合适的转场手法，不同的转场具有不同的意义，这一部分直接在剪辑软件中选取添加即可。

### （三）善于运用节奏卡点

目前越来越多的短视频依靠节奏感来赢取观众的喜爱。在剪辑时运用节奏卡点的方式不仅提高了短视频的趣味性，也给观众迅速留下了深刻的印象。在剪辑软件一键成片的模式中几乎都是节奏感较好的模板使用率更高，只需短短几秒就可以生成一个具有传播性的短视频。

### （四）用不同的角度剪辑

摄影师在拍摄时往往会拍摄不同的角度，视频在组接时加入不同角度的片段会给观众造成新奇感。与此同时，不要被剪辑规则所束缚，可以尝试将各种镜头混搭拼接，也许会产生意想不到的效果。

### （五）三个镜头为一组

当场景需要切换时，通常都是以三个镜头作为一组，时长保持在 1.5 ~ 2 秒，有些甚至更长。

### （六）注意故事脉络

无论是剪辑剧本型视频还是拍摄型视频，又或者是剪辑型视频，都需要高度重视视频故事的脉络，剪辑要紧凑，形成完整的故事情节。

### （七）对视频整体进行调色

为短视频选择一个合适的色调，能够增强短视频的质感。根据不同的镜头选择不同的色调，或者根据场景的明亮度调整画面的色调，这样会让短视频看起来更加舒适、流畅。

视频 5-2

使用手机剪辑

## 二、镜头语言的运用

在短视频拍摄的过程中，除了依靠演员的表演和语言来表达对作品的情感外，灵活运用镜头语言，不仅对需要表达的情绪情感进行更深层次的刻画和更高层次的升华，还可以营造出具有审美意义的意境和氛围。

镜头语言就是利用镜头讲故事，是导演、剪辑师的主观表达，是根据创作意图对镜头素材进行排序，以此来表达主题和思想。

### （一）景别

景别是指在焦距一定时，摄影机与被摄体的距离不同，造成被摄体在摄影机录像器中呈现出的范围大小的区别。景别一般可分为五种，由远到近分别为远景、全景、中景、近景、特写。

（1）远景，主要用于表现场景的全貌，一般会在影片的开头或者结尾使用，作为定场镜头，用来抒发情感、渲染氛围、交代环境。

（2）全景，被摄体占满整个画面，既能看清人物的面部表情，又能看清人物的肢体动作，常常用来塑造人物，能够确定人物所处的方位，较好地表现出人物的内心情绪。

（3）中景，囊括了人物膝或腰以上的身形，主要用于表现人物的动作以及人物角色的表情，利于人物之间更好地交流。

（4）近景，表现人物角色胸部以上或者物体的局部，能看清人物细微动作，人物之间交流感情时通常使用近景。近景形象地表现人物面部神态，刻画人物的心理情感，能够与观众产生亲密的交流感。

（5）特写，表现人的头部和被摄主体的细节，人物的脸占据了主要位置，不仅能够深入刻画人物面部表情特点，展现丰富的人物内心世界，还可以表达出人物不同的情感。

### （二）拍摄角度

（1）正面角度，从物体正面进行拍摄，主要表现被摄体的正面形象，能够与观众保持一个"交流关系"，营造端庄、威严、稳重的氛围，构图上具有对称美。在拍摄人物时，能较为真实地反映人物的正面形象。

（2）侧面角度，从物体的侧面进行拍摄，主要表现被摄对象的侧面特征。侧面角度与正面角度相比，灵活性更强，在侧面垂直角度能够有一些变化。

（3）反面角度，从物体的背面进行拍摄，主要表现被摄对象的背面特征及角色与环境之间的关系。反面角度不仅有助于展示环境的全貌，还有助于拍摄对象立体感的塑造。

（4）斜侧角度，从物体斜侧方进行拍摄，既能表现被摄对象正面或侧面的形象特征，且被摄体形象又有丰富多样的变化，能够表现出生动、形象的效果。

### （三）镜头运动

（1）推镜头，把摄影机向前推动，被摄对象离摄影机的镜头越来越近，在画面中越来越大。在短视频中使用推镜头，可以重点突出被摄体，强化被摄体的特征，与此同时，还可以渲染人物的内心世界，美化画面。

（2）拉镜头，把摄影机向后退进行拍摄。被摄对象离摄影机的镜头越来越远，在画面中越来越小，使画面产生往后移的视觉效果，表现被摄体与环境之间的关系，形成鲜明的结束感。

（3）摇镜头，摄影机机位固定的情况下，只摇动镜头做上下、左右、移动或者旋转等运动，在视觉上形成由一点向另一点移动的效果，可以让观众调整自己的视觉注意力，主要用于展示空间环境，表现人物与环境的关系，介绍大面积的主体。

（4）移镜头，摄影机按照一定的运动轨迹做运动拍摄，可以让观众感受到画面动与静的关系，构成多景别、多构图的造型效果。

（5）升降镜头，摄影机随升降机上下运动进行拍摄，有利于展现环境的空间感，渲染环境氛围，突出事物的主题，表现人与事物之间的联系。

（6）跟镜头，摄影机跟随运动的主体进行拍摄，用于突出运动的物体，营造氛围感，以此让观众达到身临其境的感觉。

综合运动镜头，在一个镜头中把推、拉、摇、移、升降、跟等多种运动结合使用，可以让画面产生多变的造型效果，有利于镜头记录和表现一个场景中的情节。

### （四）镜头组接的原则

1. 符合观众的思维

镜头的组接要符合生活和人思维的逻辑，要明确短视频的主题和中心思想，选择具有思维逻辑的镜头，根据观众的心理要求进行组合。

2. 搭配不同的景别

不同的景别组合起来产生的画面效果不同，表达的情感也不同。景别的变化要采取"循序渐进"的方法，让观众在生理和心理情感上渐渐产生影响和感受。

3. 遵循轴线规律

在拍摄时需要注意拍摄的总方向，让摄影机的位置始终在主体运动轴线的同一侧，避免出现"跳轴"现象，"跳轴"的画面一般用在特殊的需要之处，否则无法与其他镜头组接。

4. 动作衔接连贯性

镜头的组接遵循"动从动""静接静"的原则。如果画面中的同一主体或不同主体的动作是连贯的，可以动作接动作，以此达到画面流畅、干净利落的目的。如果两个画面中的主体动作不是连贯的，或者主体动作中有停顿，那么前一个画面主体做完动作之后才可以接上一个从静止到运动的镜头。

5. 利用特效技巧

将两个镜头运用特效融合在一起，既容易造成视觉的连贯性，又可以造成段落的分隔感。常用的特效有淡入淡出、叠化、定格等。

 **实训项目**

以 3 ~ 4 人为单位进行分组。组建综合运用镜头运动的创作团队，并以小组为单位明确分工。将不同的镜头运动组接在一起，形成有节奏感、酷炫的视频。

综合运用镜头运动的工作流程如下。

**步骤 1**：拍摄五种不同的镜头运动，每个视频时长为 4 ~ 6 秒。

**步骤 2**：选取其中的 4 个镜头进行拼接。

**步骤 3**：准确反映主题特征。

**步骤 4**：.MOV 格式或 .MP4 格式。

**步骤 5**：具有一定的节奏感，音乐选取适当。

**步骤 6**：镜头运动稳定。

**步骤 7**：短视频不少于 20 秒。

### 技能训练表

镜头语言的运用技能训练表见表 5-3。

表 5-3　镜头语言的运用技能训练表

| 学生姓名 | | 学　号 | | 所属班级 | |
|---|---|---|---|---|---|
| 课程名称 | | | 实训地点 | | |
| 实训项目名称 | 镜头语言的运用 | | 实训时间 | | |
| 实训目的：<br>熟练组接不同的镜头。 | | | | | |
| 实训要求：<br>1. 掌握短视频镜头组接的流程。<br>2. 掌握短视频镜头运用的技巧。 | | | | | |
| 实训过程： | | | | | |
| 实训体会与总结： | | | | | |
| 成绩评定 | | | 指导老师<br>签名 | | |

### 经验分享

短视频的剪辑就是将不同的视频片段组接到一起，由此形成一个新的框架，形成一个新的故事，又或者记录自己有趣的生活。那么，短视频究竟应该怎么做才能让作品更加优质？这就要求创作者具备一定的剪辑技巧，并且能够灵活运用镜头语言。

镜头的组接必须符合观众的思维方式和影视的表现规律，一定要符合生活和人的思维逻辑。

景别的变化可以采取"循序渐进"的方法，不至于让观众产生错愕的感觉。一般由全景—中景—近景—特写，再由特写—近景—中景—全景，或者反过来进行运用。

镜头组接中的拍摄方向要遵循轴线规律，拍摄时需要注意拍摄的总方向，从轴线一侧进行拍摄，避免"跳轴""越轴"等现象出现。

# 任务 5-4　数字影像后期特效

 **建议学时**

8 学时。

 **任务目标**

知识目标

1. 掌握后期特效的制作原理。

2. 了解后期特效的操作技巧。

技能目标

1. 能够正确使用后期特效。

2. 能够理解短视频的后期合成流程。

思政目标

1. 使学生对国家在数字技术和特效领域的发展成果有所认识，增强其对中国特色社会主义道路的自信和信任。

2. 强调诚信、敬业、团队协作等品质的重要性。通过案例分析、实践操作等方式，引导学生树立正确的职业道德观念，遵守行业规范，尊重他人知识产权，维护良好的行业秩序。

 **基础知识**

为什么要对视频进行后期特效处理？

在目前的数字影像创作中，后期特效的使用非常广泛，所有不能使用自然环境的场景、物体表现的内容都需要后期特效的介入。

在数字影像作品中，为了让信息传达得更加精准、画面更为精美，或者是为了利用自然界不存在的物体去推动故事情节发展，都需要使用逼真并具有视觉冲击力的视觉元素，而这类元素的呈现，都是因为后期特效的作用。除此之外，为了能够顺利连接镜头、为画面创造特殊效果，都需要使用后期特效。

## 一、数字影像的制作流程

什么是数字影像制作？简单来说就是将需要的元素剪辑组合成一个新的视频。

影视的制作是一个相当复杂的过程。一般来说，影视的制作可以分为三个阶段，分别是前期策划、中期拍摄和后期制作。

前期策划是影视的筹备阶段，对于影视制作者来说，一般都是从创作或者挑选剧本开始，然后寻找投资、制定预算、挑选演员、选择拍摄场景、组成制片小组和拍摄小组等一系列过程。对于个人创作来说，可能是一个突发奇想，随时随地拿相机或者手机拍摄身边的所见所闻。

中期拍摄是导演根据脚本利用摄像机记录故事画面的过程。如果拍摄内容较长，可以分组进行拍摄。拍摄考验的是摄影师的个人功力以及对剧本的熟悉程度。

完成拍摄工作，就到了后期制作阶段。这个阶段主要是将拍摄的画面素材编辑成一个完整的影片，并加入特效，让画面更具艺术性。

特效，指的是特殊的效果，通常指用专门的数码特技效果软件做出来的特殊效果，一般包含音频特效和视觉特效。

音频特效，通常由拟音师、录音师、混音师协作完成。拟音师负责视频中的特殊音效，比如脚步声、爆炸声等；录音师则将拟音师制作的声音进行收录，最后通过混音师编辑加工成视频中使用的音效。

视觉特效，分为胶片时代和 CG（计算机图形学）时代。

胶片时代属于传统特效，可以细分为化装特效、布景特效、烟火特效等，如 86 版的《西游记》中搭建的场景以及烟火，用的就是传统特效。

CG 时代的特效其实就是利用计算机制作的特殊效果。当传统特效无法满足视频的要求时，就需要 CG 特效来实现，由此开启了视觉艺术的盛宴。有了 CG 特效的加持，我国的影视作品实现了穿越过去与去到未来，满足了人们心灵上的极大享受。

随着科学技术的不断进步，人们的生活水平发生着翻天覆地的变化，人们对于影视的审美要求也在不断提升。对于影视创作者而言，在后期制作阶段需要投入更多的精力，尤其是让特效在整个画面中发挥的作用得到更多的体现。

## 二、数字影像后期特效的制作技巧

对于数字影像而言，其后期制作与特效合成都离不开计算机技术的支持。随着这一领域的研究逐渐成熟，数字影像的后期制作与特效合成拥有了无限的可能。

后期特效可以通过手机剪辑 App 制作，也可以利用电脑软件完成。

手机剪辑 App 以"剪映"为例。

步骤 1：打开剪映，点击开始创作。

步骤 2：导入一段或多段素材，如果是图片素材可以直接点击屏幕下方的特效进行添加，如果是视频素材需要对素材进行分割。

步骤 3：将白线放置在合适位置，选择底部特效。

步骤 4：设置特效。如图 5-51 所示，特效可以用在任意的一个节点和画面中。

剪映 App 的特效包括画面特效、人物特效和图片玩法。特效选择界面如图 5-52 所示。

图 5-51　特效界面　　　　　　图 5-52　特效选择界面

画面特效包含镜头模糊、烟雾、抽帧、虚化、随机裁剪等，剪映中内置了六大类合计 91 种特效以供选择使用。

人物特效是对画面中的人物整体或局部进行效果的处理，如电光描边、局部马赛克、火焰拖尾等。

图片玩法，顾名思义是对图片这类素材进行特殊效果的加持，包含摇摆运镜、漫画写真、立体相册、场景切换等效果，如图 5-53 所示。

图 5-53　特效选择页面

总体来说，使用剪映 App 添加特效，操作简单易上手，能满足基本需求，最适合初学者。

目前绝大部分的视频特效，基本上都是以渲染、实拍与三维相结合、三维特效与后期合成为主。制作视频特效的软件除了 Pr 之外，还有 AE。这两款软件都是视频处理软件，但是相对来说，Pr 更加容易上手，操作难度也更低一些。一般视频的片头特效都会采用 AE 模板进行制作，在 AE 中还可以添加一些三维字体、摄影机运动、抠图等，使用得当可以进一步提升特效视频的观看体验和质量。

## 三、短视频的音乐效果

音效和配乐是短视频制作中不可或缺的要素，能够增强视频的情感表达和氛围营造。在确定音效和配乐时需要注意以下几点。

（1）定义视频的情感和风格。在制定音效和配乐之前，需要清楚地定义视频的情感和风格，以确保音效和配乐能够与视频的情节和氛围相吻合。例如，如果视频需要表达快乐和轻松的氛围，可以选用欢快、活泼的音乐；如果视频需要表达紧张和悬疑的氛围，可以选用紧张、沉重的音乐。

（2）确定音效和配乐的类型与风格。根据视频的主题和情节需要，选择合适的音效和配乐的类型与风格。例如，如果视频是关于自然风光和旅游的，可以选用自然声音和舒缓的音乐；如果视频是关于运动和激烈竞技的，可以选用有节奏感和动感十足的音乐。

（3）合理运用音效和配乐。音效和配乐需要与视频画面相结合，以达到更好的效果。在制定音效和配乐时，需要考虑视频的整体节奏和叙事效果，以保证音效和配乐的运用有助于提升视频的品质和效果。

（4）注意音效和配乐的音量与节奏。在制定音效和配乐时，需要注意音量和节奏的控制，以保证音效和配乐不会影响视频的叙事与效果。例如，在视频中运用大声的音效和配乐时，需要注意避免过度使用和造成过于突兀的效果，以免影响视频的品质和效果。

总之，在短视频制作中，音效和配乐是非常重要的要素。对其合理地规划和安排，能够创造出具有强烈感染力和视听效果的短视频作品。

音频处理是一项重要的后期制作技术，可以帮助提高录音的质量并增强音频效果。下面是几个常见的音频处理技巧。

（1）去噪处理。在录音过程中，由于外部环境的影响，可能会出现噪声干扰。通过去噪处理可以减少这种噪声的影响。通常使用降噪软件来完成去噪处理。

（2）均衡器调整。均衡器可以增加或减少音频信号的不同频率的响应。通过调整均衡器的参数，可以改善录音的音质。

（3）压缩。压缩是一种可以降低声音中较大音量的技术。通过压缩可以将录音的音量限制在一个合理的范围内，避免出现爆音或太低的音量。

（4）混响。混响是一种可以增加录音空间感的技术。通过添加合适的混响效果，可以让录音听起来更加自然和真实。

（5）声音分离。声音分离是一种可以将不同的声音信号分离出来的技术。通过声音分离，可以方便地对不同声音进行单独处理。

在实际应用中，需要根据具体情况选择合适的技术来提高音频质量。同时，需要注意保持处理过程的合理性，避免过度处理导致音频质量下降。

以下是几个常见的音频处理术语。

音量：指音频信号的强度，通常用分贝（dB）来表示。

扰动：指音频信号中的非期望成分。扰动可能来自环境噪声、电源干扰、电路噪声等。

噪声：指不需要的声音成分，可能来自环境、电路、设备故障等。

裁剪：指将音频信号中的无用部分去除，通常用于删除录音开始或结束时的杂音或静音。

母带：指将音频信号录制到磁带、硬盘或其他储存介质中的原始信号。

这些音频处理术语对于音频后期处理工作有一定的指导意义。熟练掌握这些术语的含义和使用方法，可以提高音频制作的效率和质量。

音频处理流程通常包括以下几个步骤。

录制：首先需要进行音频的录制，采集原始音频信号。录制需要选择合适的设备和环境，控制好音量和噪声等参数。

剪辑：对录制的音频进行剪辑，去除无用部分，留下需要的音频片段。剪辑可以使用专业的音频编辑软件进行，通常需要选择合适的起始点和终止点来裁剪音频片段。

混音：将多个音频信号混合在一起，形成一个整体的音频输出。混音需要考虑音量平衡、音色协调等因素，可以使用专业的混音软件进行。

输出：最后将处理后的音频输出到需要的媒体或设备中，如 CD（激光唱盘）、网络、电视等。

不同的项目和需求，其音频处理流程可能会有所不同，需要根据具体情况进行调整和优化。

## 四、影片调色

影片调色技术是指对影片画面的颜色和色调进行处理，以达到表现特定情感、氛围和风格的目的的技术。以下是常见的影片调色技术。

（1）色彩分离。将影片中的不同颜色分离出来进行处理，可以调整单独的颜色饱和度、明暗度、色调等参数，达到突出特定颜色的效果。

（2）对比度调整。增加画面的对比度可以让影片看起来更加锐利和生动。调整对比度可以使影片更具有立体感，同时可以突出影片中的某些元素。

（3）色调调整。通过调整影片的色调，可以改变影片的氛围和感觉。如冷色调可以营造冷静、悲伤、孤独的氛围；暖色调则可以表现温暖、欢快、活泼的感觉。

（4）色温调整。调整影片的色温可以让画面更加自然和真实。可以根据影片中的光线和环境调整色温，使画面更加真实。

（5）饱和度调整。调整影片中的颜色饱和度可以让画面更加鲜艳和明亮，也可以使画面更加柔和和自然。

（6）灰度调整。通过调整影片的灰度，可以改变影片的整体色调和氛围。如降低画面的亮度可以营造神秘、黑暗的氛围，增加亮度可以表现温暖、明亮的感觉。

（7）噪点降低。通过去除影片中的噪点可以使画面更加清晰和干净。可以使用专业的软件或插件进行降噪处理。

针对不同的影片和场景，影片调色技术需要根据具体情况进行调整和优化，以达到最佳效果。

具体来说，调色包括以下几方面。

基本色彩调整。在色彩校正中，最常见的是通过调整曝光、对比度、色温等参数来改变画面的色彩和亮度。可以使用软件如 Adobe Premiere Pro、DaVinci Resolve 等进行调整，调整前应该先确定整个画面的白平衡和黑点。

暗部调整。暗部调整可以让画面更加有层次感和深度。可以使用曲线工具对画面的暗部进行调整，提高暗部的对比度、增加细节等。

特殊效果。通过添加一些特殊效果，可以让视频更加生动有趣。如可以添加色彩滤镜、调整饱和度、添加柔化效果等。

样式匹配。样式匹配可以让视频在整体上保持一致的视觉风格。可以先调整好一段视频的色彩风格，然后将这个样式应用到其他段落，以保持整个视频的一致性。

影片调色中有许多常用的术语，以下是其中一些常见的术语及其含义。

曝光（exposure）。曝光指视频画面中的亮度水平，即图像所接受的光线强度。过高或过低的曝光会导致画面过亮或过暗。

对比度（contrast）。对比度指画面中黑白色调的明暗程度差异，调整对比度可以使画面更加清晰。

色彩饱和度（saturation）。色彩饱和度指图像的色彩浓度，饱和度越高，画面中的颜色就越鲜艳。

色温（color temperature）。色温指图像的色彩温度，即画面中的色彩偏向红色或蓝色。色温越高，画面就越偏向蓝色；色温越低，画面就越偏向红色。

白平衡（white balance）。白平衡指画面中白色区域的色彩是否真实。正确的白平衡可以使画面的色彩更加真实。

色彩校正（color correction）。色彩校正是指对画面中的颜色进行调整，使其更加真实、生动，一般包括调整曝光、对比度、色彩饱和度等参数。

曲线调整（curve adjustments）。曲线调整是指通过调整色彩曲线来改变画面的色彩和亮度，可以用曲线调整工具来进行。

色彩深度（color depth）。色彩深度是指视频中每个像素能够表达的颜色数量。色彩深度越高，画面中的颜色就越真实。常见的色彩深度有 8 位、10 位、12 位等。

色彩分级（color grading）。色彩分级是指在色彩校正的基础上，对画面进行更加精细的调整。通过调整色调、饱和度、亮度等参数，达到一种特定的色彩风格和表现效果。常见的色彩风格包括电影风格、复古风格、日系风格等。色彩分级通常是在后期制作中进行的，可以通过软件实现。

调色板（color palette）。调色板是指在色彩分级时使用的颜色搭配。通过选择适当的调色板，可以使画面更具有统一的色彩风格和氛围。调色板的选择通常会根据场景、情感表达、受众等方面进行考虑。

LUT（Look-Up Table）。LUT 是一种用于色彩校正和色彩分级的工具。它可以根据预设的参数对画面进行调整，达到一种特定的色彩风格和表现效果。常见的 LUT 包括电影风格、复古风格、日系风格等。LUT 的使用可以加快后期制作的速度，同时也可以使画面更加精细和真实。

HDR（high dynamic range）。HDR 是一种高动态范围的显示技术，它可以显示比传统显示技术更广泛的亮度范围和色彩深度。HDR 可以使画面更加真实、生动，同时也可以增强画面的视觉冲击力和表现力。在调色时，需要注意调整画面的亮度、对比度、饱和度等参数，以适应 HDR 的显示要求。

这些术语在影片调色中都非常重要，熟练掌握这些术语的含义和使用方法，可以使调色的效果更加理想。

 **实训项目**

根据前期拍摄素材进行剪映的剪辑训练。将不同的镜头运动组接在一起，形成视频短视频。

步骤 1：完成剪辑。

步骤 2：进行转场特效的添加。

步骤 3：运用智能语言识别添加字幕，并调整。

步骤 4：添加特效，调色，添加风格滤镜。

步骤 5：添加音乐。

步骤 6：添加片头。

步骤 7：完成视频。

 **技能训练表**

利用剪映完成短视频特效技能训练表见表 5-4。

表 5-4　利用剪映完成短片特效技能训练表

| 学生姓名 | | 学　号 | | 所属班级 | |
|---|---|---|---|---|---|
| 课程名称 | | | 实训地点 | | |
| 实训项目名称 | 利用剪映完成短视频特效 | | 实训时间 | | |
| 实训目的：<br>利用剪映软件快速完成短视频的特效制作。 | | | | | |
| 实训要求：<br>1. 快速使用剪映智能软件完成短视频特效出片。<br>2. 能够对素材进行正确合理的特效处理。 | | | | | |
| 实训过程： | | | | | |
| 实训体会与总结： | | | | | |
| 成绩评定 | | | 指导老师<br>签名 | | |

 经验分享

影视调色常用风格非常多，下面列举几种比较常见的风格。

电影风格。这是一种比较经典的调色风格，通常采用暗调、低饱和度、柔和色彩等特点来营造一种沉稳、严谨的氛围。这种风格适合于表现严肃、深沉、文艺等题材。

复古风格。这种风格通常采用色彩调整和噪点添加等手法，模拟旧电影、旧照片等的效果，营造一种复古、怀旧的氛围。这种风格适合于表现复古、怀旧、回忆等题材。

酷炫风格。这种风格通常采用高饱和度、对比度高的调色方式，营造一种震撼、激烈的氛围。这种风格适合于表现运动、激烈、激情等题材。

日系风格。这种风格通常采用柔和、明亮、浅色调的调色方式，营造一种清新、轻盈的氛围。这种风格适合于表现恋爱、青春、校园等题材。

冷色调风格。这种风格通常采用蓝色、青色等冷色系的调色方式，营造一种冷静、冷酷的氛围。这种风格适合于表现惊悚、科幻、冷酷等题材。

这些风格只是其中的一部分，实际上影视调色可以根据不同的情感表达、受众群体等方面进行选择和调整，以达到最佳的表现效果。

# 项目 6
## 综合训练

《越王台》

## 建议学时

20 学时。

## 情节构思训练（一）

目标：为主人公设定一个目标。

要求：

1. 主人公必须有一个目标。

2. 主人公为达到目标的努力贯穿影片始终，构成情节线索。

3. 显在目标。

4. 潜在目标。

注：被动主人公目标不明显。

迷惘主人公自身目标不明（目标就是找到人生目标）。

复杂主人公目标多元。

对抗：为主人公的目标设置对抗力量。

注：

1. 对抗力量可以是自然因素（如恶劣的天气、艰苦的路途、突然的灾难）、社会因素、人为因素等。

2. 对抗力量要人格化。

3. 围绕主人公（及其助手）与对立面之间的交锋和冲突，设置对抗（故事情节的主体）。

4. 经过反复交锋，最终导致重大场面（戏剧核，最后一波，重大冲突、摊牌的时候），即进入高潮和结局。

5. 平衡：情节发展的全过程表现为"平衡—打破平衡—恢复平衡"的循环。

## 技能训练表

情节构思训练技能训练表见表 6-1。

表 6-1　情节构思训练技能训练表（1）

| 学生姓名 | | 学　号 | | 所属班级 | |
|---|---|---|---|---|---|
| 课程名称 | | | 实训地点 | | |
| 实训项目名称 | 情节构思训练 1 | | 实训时间 | | |
| 实训目的：<br>进行情节的构思。 | | | | | |
| 实训要求：<br>1. 完成一系列场景的构思。<br>2. 情节具备逻辑性。<br>3. 场景的过渡自然。 | | | | | |
| 实训过程： | | | | | |
| 实训体会与总结： | | | | | |
| 成绩评定 | | 指导老师<br>签名 | | | |

 **情节构思训练（二）**

观摩《我和我的祖国》系列短视频，回答如下问题。

1. 各个短视频的主人公是谁？主人公的目标是什么？

2. 阻碍主人公实现目标的力量是什么？

3. 主人公为实现目标与对立面发生了几次对抗？分别是什么？

4. 主人公的结局是什么？

5. 什么事件把主人公拖入了戏剧性对抗（导入事件）？

6. 影片的高潮是什么（高潮事件）？

**技能训练表**

情节构思训练技能训练表见表 6-2。

表 6-2  情节构思训练技能训练表（2）

| 学生姓名 | | 学　号 | | 所属班级 | |
|---|---|---|---|---|---|
| 课程名称 | | | 实训地点 | | |
| 实训项目名称 | 情节构思训练 2 | | 实训时间 | | |
| 实训目的：<br>进行事件构思。 | | | | | |
| 实训要求：<br>1. 完成事件的构思。<br>2. 事件完备，有冲突性。<br>3. 人物行为符合逻辑。 | | | | | |
| 实训过程： | | | | | |
| 实训体会与总结： | | | | | |
| 成绩评定 | | 指导老师<br>签名 | | | |

**创作训练（一）**

人物创作训练

规范人物的实质是赋予人物生命

**要求 1：**

完成人物传记（剧中所有主要人物），包括以下方面。

（1）人物的基本身份。姓名、性别、年龄、职业、家庭。

（2）人物的人生履历。包括家庭情况、主要关系人、出生年月、出生地域、教育情况、情感经历等，人物形成了怎样的人生观、价值观和性格特征。

（3）人物的工作现状。工作关系、工作状态。

（4）人物的家庭现状。家庭关系、家庭生活状态。

（5）人物的隐私生活。情感世界、兴趣爱好、娱乐休闲。

要求 2：

完成戏剧可能性设置：寻找可能引发戏剧性事件的人物状态和人物关系，如精神状态、性格特点、家庭或工作现状、情感生活等。

要求 3：

完成故事情节：驱动人物按照性格行动。

导引事件的发生：从人物的工作关系、家庭生活、隐私生活中，导引人物进入某个情节（注意：促使人物进入导引事件的最终原因是人物的价值观和性格特征）。

要求 4：

明确人物在事件中的目标。

（1）人物要具备追求目标的欲望。

（2）人物要具备实现目标的能力。

（3）人物要拥有实现目标的可能。

要求 5：

为人物在实现事件的目标中设置障碍（障碍主要表现为人格化对象）。

要求 6：

设置对抗

设计人物与障碍之间多回合对抗。

注：对抗的模式有：对抗 / 失败 – 再对抗 / 胜利等多种组合。

导入事件、设置障碍、设计对抗。

小技巧：

要把 80% 的精力用于设计故事，而设计故事就是围绕人物（或拟人化角色）回答下列问题。

（1）这些人物是什么人？（人物背景，小传）

（2）他们需要什么？（目标）

（3）他们为什么需要它？（驱动力）

（4）他们将怎样去得到他们想要的东西？

（5）他们面临的阻力是什么？

（6）其后果如何？

找到这些问题的答案并把它们构建成故事。

**技能训练表**

主要人物塑造训练技能训练表见表6-3。

表 6-3 主要人物塑造训练技能训练表

| 学生姓名 | | 学　号 | | 所属班级 | |
|---|---|---|---|---|---|
| 课程名称 | | | 实训地点 | | |
| 实训项目名称 | 主要人物塑造训练 | | 实训时间 | | |
| 实训目的：<br>进行人物的构思。 | | | | | |
| 实训要求：<br>1. 完成人物的构思。<br>2. 性格特点饱满。<br>3. 人物关系和行为符合逻辑。 | | | | | |
| 实训过程： | | | | | |
| 实训体会与总结： | | | | | |
| 成绩评定 | | 指导老师<br>签名 | | | |

创作训练（二）

要求 1：

建置情景场面

用 30 秒 ~ 1 分钟的时间（篇幅），通过某一片段的日常生活或某一次要事件，交代如下内容。

（1）谁是主人公。

（2）主要人物的性格特征。

（3）主要人物的人物关系。

（4）故事情景：必要的社会大环境以及人物周围的小环境。

要求 2：

场面中的要素

场面是构成影视剧作有机整体的基本单位，指在一定的时间、空间（主要是空间）内发生的一定的人物行动，或者因人物关系所构成的具体生活画面。与情节相比，场面是人物行动和生活事件的横切面。

场面的划分以人物行动的场所变换，或者主要人物关系的变动为标志。主要人物有增有减，或者人物的行动、生活内容发生变化，场面也就改变。一般情况下场面变化与场景变化有关，即所谓"境迁而场移"。

小技巧：

（1）思考场面里会有什么？

（2）观众能看到什么？

（3）人物有什么要求？

（4）环境有何要求？

注意：影响人物行动、人物塑造的环境特征要详细交代。

如人物场面有以下几种情况。

（1）单人场面。单人发呆（思考、失魂落魄、呆滞、沉浸享受）。

单人行动（日常行动、特殊行动）。

（2）双人场面。构筑、设计两人之间的关系。

①自然关系：亲属、朋友、工作、陌生人等。

②戏剧关系：两个人在该场景内目标、态度之间的对立、矛盾、冲突等（如果两人之间没有矛盾，保持一致，则无法形成戏剧关系）。

**技能训练表**

群体人物塑造训练技能训练表见表6-4。

表6-4　群体人物塑造训练技能训练表

| 学生姓名 | | 学　号 | | 所属班级 | |
|---|---|---|---|---|---|
| 课程名称 | | | 实训地点 | | |
| 实训项目名称 | 群体人物塑造训练 | | 实训时间 | | |
| 实训目的：<br>进行人物的构思。 | | | | | |
| 实训要求：<br>1.完成次要角色人物的构思。<br>2.性格特点饱满。<br>3.人物关系和行为符合逻辑。 | | | | | |
| 实训过程： | | | | | |
| 实训体会与总结： | | | | | |
| 成绩评定 | | 指导老师<br>签名 | | | |

### 创作训练（三）

**对白训练**

1.深刻把握对话双方的人物关系。

（1）熟悉程度（陌生、相识、熟识、亲密）。

（2）相互关系（敌人、生人、同人、亲人、恋人）。

（3）对话态度（善意、敌意、冷淡、热情、敷衍、认真）。

（4）对话目的（搭讪、探听、求教、追求、讨好、攻击、泄愤、斥责）。

2.深刻了解剧情发展的阶段和要求。

（1）明确这段对话需要解决什么问题。

（2）明确需要交代哪些信息。

（3）明确需要展示人物的哪方面个性。

3.注意影片的节奏。

决定对白的长度和强度。

 **技能训练表**

剧本训练技能训练表见表6-5。

表6-5　剧本训练技能训练表

| 学生姓名 | | 学　号 | | 所属班级 | |
|---|---|---|---|---|---|
| 课程名称 | | | 实训地点 | | |
| 实训项目名称 | 剧本训练 | | 实训时间 | | |
| 实训目的：<br>完成短视频剧本。 | | | | | |
| 实训要求：<br>1.完成5分钟左右的短视频剧本。<br>2.具备2～4个人物。<br>3.具备2～3个冲突。 | | | | | |
| 实训过程： | | | | | |
| 实训体会与总结： | | | | | |
| 成绩评定 | | | 指导老师<br>签名 | | |

[1] 张蓝姗. 短视频创意与制作（微课版）[M]. 北京：清华大学出版社，2023.

[2] 白蕊. 短视频拍摄与剪辑快速入门 [M]. 北京：清华大学出版社，2023.

[3] 彭旭光. 从零开始做短视频编导 [M]. 北京：清华大学出版社，2023.

[4] 李政. 影视节目编导与制作 [M]. 北京：中国广播影视出版社，2021.

[5] 张森. "短视频 +" 背景下红色文化的传承与传播研究 [D]. 成都：成都大学，2023.

[6] 丁正凯. 再媒介化理论下网络微短剧的媒介优势与传播特色研究 [D]. 郑州：郑州大学，2022.

[7] 李明璇. 摄影艺术在数字动态影像中的应用研究 [D]. 济南：山东工艺美术学院，2023.

后 记

　　在本书中，我们为大家介绍了数字短视频的创意与制作过程。数字短视频是一种新兴的媒介，它融合了多种元素，是现代人沟通和表达的重要手段之一。数字短视频可以用作宣传、教育、娱乐等。

　　在本书中，我们通过详细的步骤和实用的技巧，让读者了解了数字短视频的基本原理和制作流程；从故事构思、剧本编写、角色设计、制作、音效处理等方面，为读者提供了全面的指导。

　　我们希望这本书能够帮助读者更好地理解数字短视频的制作过程，并且在实践中不断提升自己的技能。数字短视频的制作需要不断地学习和探索，我们相信通过持续的努力，读者一定可以创作出更加优秀的数字短视频作品。

　　最后，我们也要感谢各位读者对本书的支持和关注。如果您在学习过程中遇到了问题，或者有任何建议和意见，欢迎随时与我们联系，我们将尽力为您提供帮助。再次感谢大家的支持，祝愿各位读者在数字短视频创作的道路上越走越远，创作出更多优秀的作品。

# 教师服务

　　感谢您选用清华大学出版社的教材！为了更好地服务教学，我们为授课教师提供本书的教学辅助资源，以及本学科重点教材信息。请您扫码获取。

**≫ 教辅获取**

本书教辅资源，授课教师扫码获取

 清华大学出版社

E-mail: tupfuwu@163.com
电话：010-83470332 / 83470142
地址：北京市海淀区双清路学研大厦 B 座 509

网址：https://www.tup.com.cn/
传真：8610-83470107
邮编：100084